Stromspeicher

Orkan Akpinar

Stromspeicher

Lebenszyklusanalysen – Im Kontext energiepolitischer, regulatorischer und gesellschaftlicher Aspekte

Springer Vieweg

Orkan Akpinar
Berlin, Deutschland

ISBN 978-3-658-51234-7 ISBN 978-3-658-51235-4 (eBook)
https://doi.org/10.1007/978-3-658-51235-4

Die Deutsche Nationalbibliothek verzeichnet diese Publikation in der Deutschen Nationalbibliografie; detaillierte bibliografische Daten sind im Internet über https://portal.dnb.de abrufbar.

Springer Vieweg ist ein Imprint der eingetragenen Gesellschaft Springer Fachmedien Wiesbaden GmbH und ist ein Teil von Springer Nature.
Die Anschrift der Gesellschaft ist: Abraham-Lincoln-Str. 46, 65189 Wiesbaden, Germany

Vorwort

Um die Jahrtausendwende wurde mit der europäischen Strommarktliberalisierung – mit dem Ziel eines europäischen Binnenmarktes – und dem ersten Erneuerbare-Energien-Gesetz die Zäsur eines über ein Jahrhundert gewachsenen, von zentralen fossil-thermischen Großkraftwerken geprägten Energiesystems eingeleitet. Dieses System hatte sich innerhalb diverser Monopolgebiete und entlang energiepolitischer Rand- und Rahmenbedingungen entwickelt. Mit der Reform begann der Übergang hin zu einem dezentralen, volatil-erneuerbaren Energiesystem. Das übergeordnete Ziel: Treibhausgasneutralität.

Die Herausforderung besteht darin, ein über ein Jahrhundert gewachsene, bestehende Kraftwerks- und Netzinfrastruktur grundlegend zu reformieren, die Stromerzeugung räumlich und zeitlich vom Stromverbrauch zu entkoppeln und den intermittierenden Charakter erneuerbarer Energien mithilfe von Energiespeichern in das Energiesystem zu integrieren.

Die Mehrheit der Gesellschaft ist sich der Klimakrise bewusst, befürwortet erneuerbare Energien und unterstützt das Ziel der Treibhausgasneutralität. Politische Entscheidungsträger haben seit der Jahrtausendwende deren Bedeutung betont, haben die Ziele auf dem Weg zur Treibhausgasneutralität verschärft und deren Erreichen zeitlich vorgezogen. Der eingeschlagene Pfad wurde durch den beschlossenen Ausstieg aus der Verstromung von Kohle- und Kernenergie zusätzlich gefestigt.

Gleichzeitig hält der Ausbau der Netzinfrastruktur mit dem Tempo des Ausbaus von Windkraft und Photovoltaik nicht Schritt. Marktliche Anreize für den Bau neuer Speicherkapazitäten fehlen weitgehend, und auch der Aufbau einer Wasserstoffinfrastruktur kommt nur schleppend voran. Die Gründe dafür sind vielfältig: Es mangelt an marktwirtschaftlichen Anreizen ebenso wie an einem verlässlichen regulatorischen Rahmen der dem Zweck dient. Zudem verändert sich der politische Zeitgeist, der notwendige Entscheidungen legitimieren müsste, in einer bisher nicht bekannten Dynamik. Die Abkehr von globalen Bündnissen und das Erstarken populistischer Politik haben die Abhängigkeit Europas von Rohstoffen und weiterverarbeitender Industrie sowie neue geopolitische Hebel offengelegt. Es stehen sich zunehmend marktwirtschaftlich-demokratische und autoritär-staatskapitalistische Systeme im Wettbewerk gegenüber, der sich nicht mehr an bekannten Umgangsformen orientiert. Der wirtschaftliche Abschwung in Deutschland rückt die Bestrebungen zur Treibhausgasneutralität zusätzlich in den Hintergrund.

Umso wichtiger ist eine Analyse aller Einflussfaktoren für das Gelingen der Energiewende und deren holistische Betrachtung. Nur wenn die Teilsysteme miteinander kommunizieren und aufeinander abgestimmt sind, kann die Transformation des Energiesystems gelingen. Dieses Buch unternimmt daher den Versuch einer solchen holistischen Betrachtung am Beispiel von Energiespeichern und möchte einen Beitrag zur notwendigen Diskussion beisteuern.

Dezember 2025 Dr.-Ing. Orkan Akpınar

Competing Interests Der/die Autor*in hat keine relevanten Interessenskonflikte im Zusammenhang mit dieser Publikation.

Inhaltsverzeichnis

Abbildungsverzeichnis

Tabellenverzeichnis

Einleitung 1

Die von der Städtische Elektricitäts-Werke AG[1] im Jahr 1885 errichtete Centralstation Markgrafenstraße in Berlin gilt als das erste Kraftwerk Deutschlands, das elektrischen Strom über ein Verteilnetz an mehrere Kunden abgab. Mit einer installierten Leistung von 660 kW versorgte es Haushalte und Unternehmen in einem Umkreis von 2,2 km. Technische Entwicklungen wie die Drehstromübertragung über 175 km im Jahr 1891 ermöglichten den Ausbau öffentlicher Stromnetze und damit den Transport von Strom über größere Distanzen.

Damit einher ging die Gründung der ersten zentralisierten, vertikal integrierten Energieversorgungsunternehmen. Diese vereinten die Erzeugung, Übertragung und Vertrieb des Stroms. Diese Unternehmen standen zunehmend in Konkurrenz zu öffentlichen Versorgungsunternehmen, die über Konzessionsverträge Zugriff auf öffentliche Wege hatten und sich an Konzernen beteiligten oder die Stromversorgung selbst übernahmen. Mit Demarkationsverträgen wurde festgelegt, welches Unternehmen in welchem Gebiet tätig sein durfte, wodurch die Versorgungsgebiete weitgehend monopolisiert wurden [67, 77].

Ursprünglich unterlagen die Energieversorgungsunternehmen den allgemeinen zivil- und verwaltungsrechtlichen Regelungen. Das Energiewirtschaftsgesetz (EnWG) von 1935 verankerte diese Monopolstruktur gesetzlich, die bis 1998, mit geringfügigen Änderungen, Bestand hatte [77, 103]. Bis zu diesem Zeitpunkt existierten neun vertikal integrierte Energieversorgungsunternehmen neben etwa 900 Stadtwerken. Erstere kontrollierte rund 80 % der Erzeugung, 96 % des Übertragungsnetzes und alle Systemsteuerungsaufgaben, während die Stadtwerke die Endkundenversorgung und die Verteilnetze betrieben.

Die Energiepolitik verfolgte über die Jahre hinweg unterschiedliche Zielsetzungen: Während vor und nach dem Zweiten Weltkrieg eine sichere und wirtschaftliche Energieversorgung im Vordergrund stand, prägte die heimische Kohleverfügbarkeit in den Nachkriegs-

[1] Wurde 1887 in Berliner Elektricitäts-Werke umbenannt.

O. Akpinar, *Stromspeicher*, https://doi.org/10.1007/978-3-658-51235-4_1

jahren den Primärenergiebedarf. Der Kohleanteil lag zunächst bei bis zu 85 %, sank später zugunsten von Öl auf 32 %, während Öl 55 % des Primärenergiebedarfs deckte. Die Ölpreiskrisen der 1970er Jahre machten die Abhängigkeit von Importenergieträgern sichtbar, sodass wieder verstärkt auf heimische Braunkohle, Steinkohle und den Ausbau der Kernenergie gesetzt wurde. Anstelle rein wirtschaftlicher Betrachtung ist die Versorgungssicherheit in den Fokus der Energiepolitik gerückt.

Mit der europäischen Elektrizitäts-Binnenmarktrichtlinie von 1997, die 1998 in deutsches Recht übernommen wurde, trat ein Kartellverbot in Kraft. Die anschließende Strommarktliberalisierung begann zunächst juristisch, während die eigentliche Struktur der Stromerzeugung weitgehend erhalten blieb. Der Idee eines freien europäischen Strommarktes, der weder Monopole noch Binnengrenzen kennt, stand ein über Jahrzehnte gewachsenes Energiesystem gegenüber, das dieser Idee technische Hürden entgegensetzte.

Mit dem Erneuerbare-Energien-Gesetz (EEG) 2000 erfolgte jedoch eine grundlegende Zäsur: Die Monopole großer Energieversorger wurden formell aufgebrochen, der Ausbau volatiler erneuerbarer Energien gefördert, und das zentralisierte Energiesystem der Gebietsmonopole wurde zugunsten eines dezentralen, liberalisierten Energiesystems – im Prinzip – aufgegeben. Spätestens mit dem Ausstieg aus der Kernenergie und dem geplanten Ausstrieg aus der Verstromung von Kohle hat die Energiepolitik den eingeschlagenen Pfad weiter gefestigt.

Das Verständnis dieser energiepolitischen Geschichte ist notwendig, um die Entwicklung des heutigen Energiesystems zu begreifen. Die Energiepolitik hat technische Entwicklungen maßgeblich beeinflusst, insbesondere im Kontext von Energiespeichern, die heute als „vierte Säule" des Energiesystems gelten[2]. Durch diese Definition wurde die Bedeutung von Energiespeichern auch in das Energierecht überführt.

1.1 Motivation und Umfeld der Arbeit

Die Energiewende wird begleitet von Diskussionen über den zukünftigen Strom- und Speicherbedarf. Der Strombedarf wird – abhängig von den Randbedingungen und dem Grad der Elektrifizierung der Sektoren Wärme und Verkehr – variieren; grundsätzlich besteht jedoch Konsens darüber, dass er künftig höher ausfallen wird als heute. Beim Speicherbedarf hingegen divergieren die Einschätzungen deutlich, insbesondere zwischen verschiedenen Bundesbehörden: Sie reichen von keinem zusätzlichen bis hin zu einem erheblichen Speicherbedarf.

Obwohl die Bedeutung von Energiespeichern als Speichertechnologie, zur Flexibilitätsbereitstellung und für Systemdienstleistungen – insbesondere durch Pumpspeicher – immer wieder betont wird, sind die Rahmenbedingungen für einen Ausbau häufig ungünstig. Das

[2] Das EnWG kennt bisher nur die Begriffe „Erzeugungsanlage", „Letztverbraucher" und „Transportnetz" . Energiespeicher sind laut BGH-Urteil von 2009 je nach Betriebsart entweder Letztverbraucher oder Erzeugungsanlage.

Pumpspeicherprojekt Atdorf wurde 2007 begonnen und nach dem Erörterungstermin 2017 eingestellt. Trotz bereits investierter 80 Mio. € und einer geschätzten verbleibenden Verfahrensdauer von drei bis vier Jahren sowie zusätzlichen Planungskosten von 15—20 Mio. € wurde das Projekt aufgrund des komplexen Genehmigungsrechts und veränderter wirtschaftlicher Rahmenbedingungen abgebrochen [8, S. 14].

Mit dem Förderprogramm für Photovoltaik-Heimspeicher, dem Bau großer Batteriespeicher und der Förderung der Elektromobilität stellte sich die Frage nach der Chancengleichheit. Die Berichterstattung war überwiegend positiv; die Politik forderte eine deutsche bzw. europäische Batterieproduktion, um Importabhängigkeiten zu reduzieren. Hinweise auf sozial und ökologisch problematische Bedingungen bei der Rohstoffgewinnung – die nicht nur schützenswerte Naturräume beeinträchtigen, sondern häufig auch unterhalb europäischer Standards erfolgen – konnten den Aufstieg der Technologie jedoch nicht eindämmen.

Die Nationale Wasserstoffstrategie des Bundesministeriums für Bildung und Forschung (BMBF) aus dem Jahr 2020 und deren Aktualisierung von 2023 wecken die Erwartung einer Universallösung: Wasserstoff soll zur Dekarbonisierung der Sektoren Wärme und Verkehr beitragen und zugleich als Langzeitspeicher dienen. Hierfür werden erhebliche Fördermittel bereitgestellt, nationale Infrastrukturen aufgebaut und internationale Kooperationen vorbereitet. Seit der politischen Fokussierung auf Wasserstoff entsteht jedoch – insbesondere aus Sicht des Pumpspeichersektors – der Eindruck, dass bestimmte Technologien durch die regulatorischen Rahmenbedingungen bevorteilt werden. Zwar weist die Bundesregierung darauf hin, dass die Wahl der Speichertechnologie dem Betreiber obliegt [50], doch bleiben der notwendige Rohstoffbedarf, globale Konkurrenzsituationen und neue politische Abhängigkeiten bislang unzureichend adressiert.

Ende Oktober 2025 konstatiert der Bundesrechnungshof, dass es bislang sowohl an Angebot als auch an Nachfrage sowie an der notwendigen Infrastruktur für Wasserstoff mangelt und dass Wasserstoff deutlich teurer ist als die bisher eingesetzten Energieträger. Obwohl die Bundesregierung den Hochlauf in einem planwirtschaftlich anmutenden Ansatz jährlich mit mehreren Milliarden Euro fördert, ist sie weit davon entfernt, ihr Ziel einer funktionsfähigen Wasserstoffwirtschaft bis 2030 zu erreichen [37].

Die Zäsur, die mit dem Ausbau erneuerbarer Erzeugungsanlagen begann und durch den Kernenergie- und Kohleausstieg verstärkt wurde, markiert einen Paradigmenwechsel: Weg von planbaren, fossil betriebenen Kraftwerken hin zu volatilen, dezentralen Erzeugungsanlagen, die ein hohes Maß an Flexibilität erfordern, Herausforderungen für die Versorgungssicherheit mit sich bringen und Energiespeicher benötigen, um Erzeugung und Verbrauch zeitlich zu entkoppeln.

Damit dieser Umbau gelingt, bedarf es einer holistischen Betrachtung, die Politik, Technik, Ökologie, Ökonomie, Soziologie und Recht integriert. Diese Arbeit soll die energiepolitische Geschichte analysieren, technische Argumente liefern, ökologische Aspekte transparent darstellen, ökonomische und soziologische Rahmenbedingungen beleuchten sowie rechtliche Hemmnisse aufzeigen, die den Ausbau von Energiespeichern behindern.

1.2 Zielsetzung und Kernfragen

Dieses Buch soll folgende Fragen beantworten:

- Welche energiepolitischen Entscheidungen wurden in der Vergangenheit getroffen, wie wurde dadurch das Energiesystem der Gegenwart gestaltet und welche Schlüsse lassen sich für die Zukunft ziehen?
- Welche Speichertechnologien sind für Energiespeicherung, Flexibilitätsbereitstellung und Versorgungssicherheit am besten geeignet, und welcher Speicherbedarf ergibt sich hieraus?
- Welchen ökologischen Fußabdruck haben die jeweiligen Energiespeicher?
- Welchen regulatorischen Hemmnissen sind Energiespeicher ausgesetzt?
- Welche soziologischen Auswirkungen haben Energiespeicher, und was ist notwendig, um gesellschaftliche Akzeptanz zu erreichen?

1.3 Aufbau der Arbeit

Kap. 2 beschreibt den Aufstieg der Elektrizitätswirtschaft und die zunehmenden Bestrebungen des Staates, diese zu regulieren. Es wird aufgezeigt, wie die Strukturen entstanden, die 1935 im Energiewirtschaftsgesetz verankert wurden und bis 1998 Bestand hatten. Die energiepolitischen Schwerpunkte wechselten zwischen Versorgungssicherheit, Wirtschaftlichkeit und Umweltverträglichkeit.

Kap. 3 analysiert den Energiespeicherbedarf und stellt die drei zentralen Energiespeichertechnologien vor, die für die zukünftigen Herausforderungen am besten geeignet erscheinen. Kap. 4 führt Lebenszyklusanalysen dieser Technologien durch und sensibilisiert dafür, dass Zukunftstechnologien teilweise erhebliche Umweltauswirkungen verursachen. Neben dem ökologischen Fußabdruck werden die Verfügbarkeit kritischer Rohstoffe sowie geopolitische Abhängigkeiten betrachtet.

Kap. 5 erläutert den Strommarkt der Gegenwart und seine Unzulänglichkeiten für das zukünftige Energiesystem sowie die regulatorischen Hemmnisse, die es zu überwinden gilt. Kap. 6 widmet sich den soziologischen Aspekten der Energiespeicherung, die als Teil der Soziotechnik Energiewende eine Vielzahl unterschiedlicher Akteure betreffen und die Energiewende zu einer gesamtgesellschaftlichen Herausforderung machen. Kap. 7 schließt mit einer Zusammenfassung und einem Fazit.

2 Energiepolitik

Die Entwicklung des heutigen Energiesystems lässt sich über einen Zeitraum von rund 150 Jahren in drei Phasen einteilen.

Die technische Ära (bis 1935) Den Ausgangspunkt bildet die Entdeckung des elektrodynamischen Prinzips sowie die Weiterentwicklung elektrotechnischer Anwendungen. Ab 1866 gelang es Werner von Siemens, Generatoren zur Serienreife zu bringen, mit denen erstmals die in der industriellen Revolution etablierte Dampfmaschine für die Stromerzeugung nutzbar wurde. Bereits 1884 entstand in Berlin das erste Elektrizitätsunternehmen, das über ein lokales Inselnetz nahegelegene Verbraucher versorgte. In Folge dessen gründeten sich erste vertikal integrierte Unternehmen. Diese vereinten Stromerzeugung, -transport und -vertrieb in einem Unternehmen. Die neuen Monopolisten waren – aufgrund der schnell wachsenden Bedeutung von Strom als Energieträger – bei kommunaler und staatlicher Politik Anlass für Kritik. In diesem Zusammenhang wurden erstmals Konzessionen zur Nutzung öffentlicher Wege vergeben – ein Thema, das in den folgenden Jahrzehnten zunehmend politisch aufgeladen war. Die Politisierung des Energieträger Stroms hatte begonnen.

Mit dem Bau weiterer Kraftwerke und Inselnetze nahm die Elektrifizierung in Deutschland rasch zu. Allerdings führte das wachsende Gefälle im Lastprofil zwischen Tag- und Nachtstunden bald zu Herausforderungen für die Versorgungssicherheit. Diese konnten durch die Einführung von Fernübertragungsleitungen und die Vernetzung einzelner Inselnetze entschärft werden. Einen technischen Meilenstein stellte das 1898 errichtete Laufwasserkraftwerk Rheinfelden dar, das erstmals in großtechnischem Maßstab Drehstromtechnik mit einer Frequenz von 50 Hz einsetzte – bis heute der europäische Standard. Rheinfelden gilt zugleich als Keimzelle des späteren europäischen Verbundnetzes. In den folgenden Jahren entstanden zunehmend Kraftwerke außerhalb der Städte oder in unmittelbarer Nähe zu Primärenergiequellen. Die Elektrifizierung wurde zunächst vorwiegend von privaten

O. Akpinar, *Stromspeicher*, https://doi.org/10.1007/978-3-658-51235-4_2

Unternehmen getragen, während kommunale „Electricitätsämter“ in der PreussenElektra zusammengefasst wurden, in der der preußische Staat seine Beteiligungen bündelte.

Die hohen Investitionskosten führten schließlich zur Bildung großer Energieversorgungsunternehmen mit monopolähnlichen Strukturen. Die wirtschaftliche und gesellschaftliche Bedeutung der Elektrizität nahm damit so stark zu, dass 1935 die nächste Phase begann.

Die politische Ära (1935–1998) Mit dem ersten Energiewirtschaftsgesetz (EnWG) von 1935 wurden die bestehenden Strukturen rechtlich verfestigt. Ziel war es, durch Ressourcenbündelung kostengünstigere Strompreise zu ermöglichen, zugleich jedoch wurden die Verbraucher stärker an die regionalen Monopolunternehmen gebunden. Das EnWG blieb über Jahrzehnte in Kraft und prägte die Energieversorgung maßgeblich. Energiepolitik bewegte sich dabei im Spannungsfeld des energiepolitischen Zieldreiecks aus Versorgungssicherheit, Wirtschaftlichkeit und Umweltverträglichkeit.

Abhängig der geopolitischen Lage setzte man auf preisgünstiges, importiertes Öl, heimische Kohle oder subventionierte den Einstieg in die Kernenergie. Die Debatten um – die durch Kohleverbrennung verursachten – sauren Regen und die Reaktorkatastrophe von Tschernobyl wurde die Umweltverträglichkeit der Stromerzeugung sukzessive ein politisch wichtiges Thema und sollte eine Systemtransformation einleiten.

Die Ära der Systemtransformation (ab 1998) Mit der Novellierung des EnWG 1998 und der von der Europäischen Union forcierten Liberalisierung des Strommarktes begann eine neue Phase. Die Verabschiedung des Erneuerbare-Energien-Gesetzes (EEG) im Jahr 2000 durch die rot-grüne Bundesregierung leitete eine tiefgreifende Transformation des Energiesystems ein. Zentrales Ziel dieser Entwicklung ist die klimaneutrale Stromerzeugung und langfristig eine nachhaltige Energieversorgung.

Die zunehmende Priorisierung der Einspeisung von Strom aus volatilen erneuerbaren Energien stellt das Energiesystem vor die zentrale Herausforderung, stetig wachsende Mengen fluktuierender Erzeugung mit dem Verbrauch in Einklang zu bringen. Diese Problematik verschärfte sich durch den Ausstieg aus der Kernenergie sowie den politisch beschlossenen Ausstieg aus der Kohleverstromung. Da erneuerbare Energien wie Windkraft, Photovoltaik und Wasserkraft witterungs- und standortabhängig sind, ergibt sich die Notwendigkeit, Erzeugung und Verbrauch sowohl zeitlich als auch räumlich zu entkoppeln. Neben dem Ausgleich von Erzeugungsschwankungen gewinnt damit auch der Transport von Strom über weite Distanzen an Bedeutung. Gleichzeitig sinkt mit dem Rückgang konventioneller Kraftwerke nicht nur die verfügbare Residuallast, sondern auch die Bereitstellung systemrelevanter Dienstleistungen wie Frequenz- und Spannungshaltung.

2.1 Die Etablierung der Elektrizitätswirtschaft

Die heutige Energiewirtschaft hat ihren Ursprung im Aufstieg der Elektrizitätswirtschaft und der Elektrotechnik, die gegen Ende des 19. Jahrhunderts zu den prägenden Leitsektoren der „Zweiten Industriellen Revolution" wurden [118]. Erst durch verschiedene elektrotechnische Fortschritte konnte sich um die Elektrizität eine eigenständige „Wirtschaft" herausbilden. Ein zentraler Meilenstein war die Entdeckung des elektrodynamischen Prinzips[1] durch Werner von Siemens. Seine praktische Relevanz erhielt es durch die Erfindung der Glühlampe, die den Alltag zunehmend prägte. Ab 1868 wurden immer mehr öffentliche Gebäude elektrisch beleuchtet, wodurch die Bedeutung der Elektrizität deutlich zunahm.

Zunächst wurde Strom bis 1881 überwiegend in Einzelanlagen direkt beim Konsumenten erzeugt. Das erste öffentliche Elektrizitätswerk entstand 1882 in Stuttgart, das erste Blockkraftwerk 1884 in Berlin durch die Firma AEG. Aufgrund der technischen Beschränkungen der Gleichstromübertragung war der Versorgungsradius der frühen Elektrizitätswerke auf wenige hundert Meter begrenzt. Elektrizität blieb damit zunächst auf die Beleuchtung in Großstädten und auf spezielle Anwendungen kleiner Nutzergruppen beschränkt. Erst die Internationale Elektrotechnische Ausstellung 1891 in Frankfurt am Main markierte einen Wendepunkt: Die erfolgreiche Übertragung von Wasserkraftstrom über 175 km mittels Dreiphasen-Wechselstrom ebnete nicht nur dem Wechselstrom den Weg, sondern auch der Elektrizitätswirtschaft insgesamt. Durch die Nutzung höherer Spannungen konnte Strom nun in größerer Entfernung zu den Verbrauchszentren erzeugt und von dort in die Städte transportiert werden [137, vgl. S. 27].

Begünstigt wurde diese Entwicklung durch den wachsenden Strombedarf, der unter anderem durch die Einführung des Elektromotors in Fabriken und im Straßenbahnverkehr entstand. Mit der Entdeckung des Elektrolyseverfahrens, bei dem durch elektrischen Strom Aluminiumoxid in Aluminium und Sauerstoff zerlegt wird, kamen weitere Großverbraucher hinzu. Insbesondere stromintensive Chemiebetriebe siedelten sich bevorzugt in der Nähe von Wasserkraftwerken an, etwa am Hochrhein beim 1898 in Betrieb genommenen Kraftwerk Rheinfelden [137].

Es entwickelte sich eine enge Verbindung zwischen der Elektrizitätswirtschaft und der elektrotechnischen Industrie. Letztere beteiligte sich nicht nur am Bau von Kraftwerken, sondern gründete mit Unterstützung von Banken auch Finanzierungs- und Betriebsgesellschaften. Dadurch wurde der Elektrizitätsmarkt stimuliert, was sich zwischen 1895 und 1900 in einem starken Anstieg börsennotierter Elektrizitätsgesellschaften von 32 auf 131 widerspiegelte [118].

Um die Jahrhundertwende war die Elektrizität zu einem Synonym der „Zweiten Industriellen Revolution" geworden. Sie galt nicht nur als Mittel, den Energiehunger der Industrialisierung zu stillen, sondern auch als Motor für Wohlstand und sozialen Fortschritt.

[1] Ein sich zeitlich ändernder magnetischer Fluss, der eine Leiterschleife durchdringt, induziert in dieser einen elektrischen Strom. Umgekehrt entsteht ein magnetisches Feld, wenn ein elektrischer Strom durch einen Leiter fließt.

Bürgerliche Kreise verbanden damit die Hoffnung auf eine nahezu unerschöpfliche Energiequelle, die die kulturelle Entwicklung der Menschheit auf eine höhere Stufe heben könne [118, vgl. S. 46]. Auch im ländlichen Raum sollte Elektrizität verfügbar werden, um den Niedergang des Mittelstandes zu vermeiden und diesen vor einer Proletarisierung zu schützen. Sozialistische Denker wiederum sahen in ihr ein Instrument, die bürgerliche Gesellschaft zu überwinden, die Weltrevolution voranzutreiben und ländliche Regionen stärker an der Industrialisierung zu beteiligen. Elektrizität versprach, menschliche Arbeitskraft zu ersetzen, regionale Entwicklungsunterschiede auszugleichen und so auch die internationale Wettbewerbsfähigkeit der Volkswirtschaft zu erhöhen [118, vgl. S. 47–48]. Als sich ein breiter politischer Konsens über die Bedeutung der Elektrizität herausbildete, trat zunehmend auch ihre gesellschaftliche und volkswirtschaftliche Dimension in den Vordergrund. Um Elektrizität flächendeckend und preiswert verfügbar zu machen, war eine großskalige Organisation der Stromversorgung erforderlich. Daraus entwickelte sich die Elektrizitätswirtschaftslehre, die das Konzept der „Großkrafterzeugung" formulierte. Unterschiedliche Kraftwerkstypen sollten im Verbund den Bedarf an Grund-, Mittel- und Spitzenlast decken. Mit Hilfe von Hochspannungsleitungen konnte die erzeugte Elektrizität über weite Strecken verteilt werden. Dieses Paradigma dominierte die Stromwirtschaft über ein Jahrhundert.

Nach *Stier* setzte sich die „zentralisierte Großkrafterzeugung" gegen dezentral organisierte Strukturen mit integrierter Strom- und Wärmeerzeugung durch, weil Politik, Ökonomie und Technik zunächst ausschließlich auf die Stromproduktion fokussiert waren. Weder die effizientere Brennstoffnutzung durch Kraft-Wärme-Kopplung noch ökologische Aspekte spielten in den Anfangsjahren eine Rolle [118, S. 55].

Zu Beginn unterlagen die Elektrizitätsunternehmen keiner Regulierung und optimierten ihre Tätigkeit rein betriebswirtschaftlich. Energiepolitische Zielsetzungen wurden erstmals 1935 mit dem Energiewirtschaftsgesetz formuliert. Erst in den darauffolgenden Jahrzehnten traten weitere Leitziele wie Umweltverträglichkeit, Preisgünstigkeit und Versorgungssicherheit hinzu (siehe Abb. 2.1). Ein anschauliches Beispiel für betriebswirtschaftliche Optimierung liefert das Rheinisch-Westfälische Elektrizitätswerk (RWE). Durch drastische Preissenkungen gelang es dem Unternehmen, den Stromverbrauch zu steigern, die Auslastung der Anlagen zu verbessern und so die Wirtschaftlichkeit zu erhöhen. Diese Strategie ermöglichte es RWE, kleinere Elektrizitätswerke zu übernehmen und das eigene Versorgungsgebiet stetig auszudehnen. Schnell avancierte das Unternehmen zu einem Zentrum wirtschaftlicher und politischer Macht. Kritik an der marktbeherrschenden Stellung wurde durch kommunale und regionale Beteiligungen teilweise abgeschwächt, was auch den Widerstand staatlicher Stellen minderte. Der Fall RWE verdeutlichte, dass niedrige Strompreise zwar gesamtwirtschaftlich positiv wirken konnten, gleichzeitig aber politische Risiken durch Monopolbildung entstanden. Bereits 1907/08 begann daher eine politische Grundsatzdebatte über die Regulierung des Elektrizitätssektors [118, S. 56 f.]. Die Herausforderung für die staatliche Verwaltung bestand darin, das Nebeneinander zahlreicher, häufig unterausgelasteter Kraftwerke mit begrenzten Versorgungsgebieten zu ordnen und diese nach technischen und wirtschaftlichen Kriterien im Sinne des Gemeinwohls zu optimieren [118, S. 60 f.].

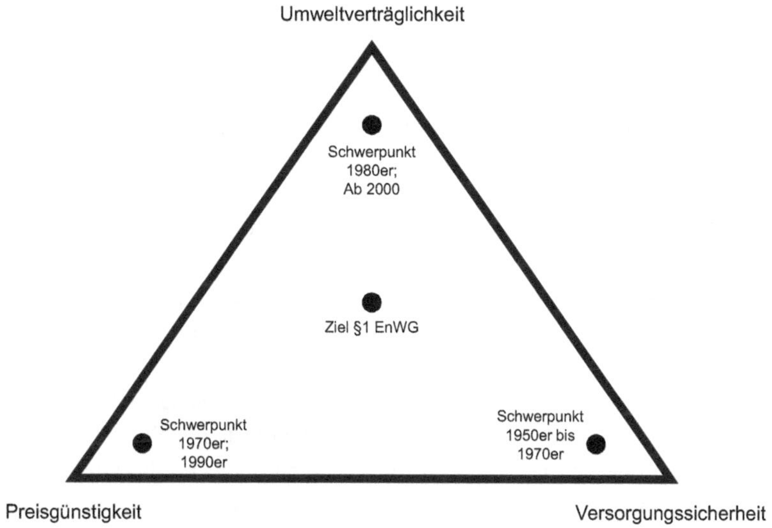

Abb. 2.1 Energiepolitisches Zieldreieck mit Schwerpunkten im Zeitverlauf. (Eigene Darstellung nach [113, S. 13])

2.2 Energiepolitische Konzepte, Regulierung und Energiepolitik

Die Elektrizitätswirtschaft besaß von Beginn an die immanente Eigenschaft, Netze zu bilden und war damit auf die Nutzung öffentlicher Wege und Flüsse zur Stromerzeugung sowie auf das Überqueren von Straßen, Flüssen und Bahnlinien angewiesen. Die Erlaubnis hierzu lag bei den Kommunen, die durch die Vergabe von Konzessionen entsprechende Auflagen durchsetzen und so öffentliche Interessen in Bezug auf Verteilung und Preisgestaltung berücksichtigen konnten. Das Wasser- und Wegerecht stellten somit die ersten Instrumente dar, mit denen Einfluss auf die neue Elektrizitätswirtschaft genommen werden konnte; von einer eigentlichen staatlichen Regulierung konnte jedoch noch nicht gesprochen werden [118, S. 59].

Die ersten elektrizitätspolitischen Überlegungen von Ökonomen begannen 1908 mit der Frage, wie die neue Technologie am besten zu regulieren sei. Als höchste politische Instanz erschien das Reich am ehesten geeignet, die Interessen der Volkswirtschaft zu vertreten, die Elektrizitätswirtschaft rational zu ordnen und damit zugleich den Reichsetat zu stärken [118, S. 355 f.]. Der erste Versuch, durch eine Elektrizitätssteuer fiskalischen Zugriff auf die Branche zu erlangen, scheiterte jedoch am Widerstand der Unternehmen. Daraufhin wurde das Konzept eines Staatsmonopols entwickelt: Durch radikale Rationalisierung der Elektrizitätswirtschaft sollte das Reich ausreichende Erträge generieren, die wiederum dem Staat zufließen sollten. Die Bemühungen, ein Reichs-Elektrizitätsmonopol einzuführen und fiskalisch zu nutzen, zogen sich bis 1914 hin, blieben letztlich jedoch erfolglos [118, S. 359–365].

Die wirtschaftliche Bedeutung der Elektrizität wurde dem Reich mit Beginn des Ersten Weltkriegs erneut deutlich. Unabhängig vom Ausgang des Krieges würde der Wiederaufbau eine effiziente Ressourcennutzung erfordern und dem Staat durch die zunehmende Unterstellung von Unternehmen unter staatliche Kontrolle weitreichenden Zugriff sichern. Das im Jahr 1914 erlassene „Ermächtigungsgesetz" ermöglichte es, der 1917 gegründeten „Sektion Elektrizität", die dem 1916 ins Leben gerufenen „Kriegsamt" unterstand, umfassende Weisungsbefugnisse und Kompetenzen zur Zwangsbewirtschaftung einzuräumen. Das Zeitalter des ökonomischen Liberalismus war damit einem kriegsbedingten „Staatssozialismus" gewichen.

Neben den gegensätzlichen Konzepten der Sozialisierung und der privatwirtschaftlichen Ordnung entstand Ende 1918 die Idee der „Gemeinwirtschaft". Sie zielte auf eine einvernehmliche Kontrolle von Erzeugung und Verbrauch durch Produzenten, Arbeiter und Konsumenten ab. Private Unternehmen sollten durch öffentliche Lenkung in den Dienst der Allgemeinheit gestellt werden. Dieses Konzept floss in den ersten Entwurf eines „Reichs-Elektrizitätsgesetzes" ein, der vorsah, das Reichsgebiet in Versorgungsbezirke einzuteilen und Neuanlagen sowie Erweiterungen einer Konzessionierung durch einen neu zu gründenden „Reichs-Elektrizitätsausschuss" und die „Landes-Elektrizitätsausschüsse" zu unterstellen. Ziel war die Schaffung eines Rahmens für eine gemeinwirtschaftlich organisierte Elektrizitätswirtschaft. Das Gesetz wurde im März 1919 von der Nationalversammlung verabschiedet, blieb jedoch in Prinzipienstreitigkeiten stecken und wurde durch die nach Unterzeichnung des Versailler Vertrags neugebildete Regierung nicht umgesetzt. Stattdessen wurde im Sommer desselben Jahres die Überführung der Elektrizitätswirtschaft in Reichsbesitz angestrebt. Dies scheiterte jedoch am Widerstand der Länder, die ihre bisherigen Aufbauleistungen gefährdet sahen. Das schließlich verabschiedete Sozialisierungsgesetz wurde durch den Staatenausschuss derart abgeschwächt, dass es sich zwar formal dem zentralisierenden Zeitgeist anpasste, in der Praxis jedoch kaum in die Elektrizitätswirtschaft der Länder eingriff. Gegen Ende 1919 lag damit zwar erstmals ein spezielles Elektrizitätsgesetz vor, das dem Staat neben dem Wasser- und Wegerecht direkten Zugriff auf die Branche ermöglichte, den Ländern jedoch weitreichendes Mitspracherecht einräumte. Ziel war es, die Reichsgebiete besser zu versorgen, Deutschland in Versorgungsbezirke einzuteilen und jeder Region eine Monopolgesellschaft für Erzeugung und Übertragung unter Reichsführung zuzuordnen. Die Abgrenzung der Bezirke nach wirtschaftlicher Reichweite der Verbundnetze und nach gesamtwirtschaftlicher Effizienz der Stromübertragung stieß jedoch auf Konflikte mit den Interessen bestehender Unternehmen in kommunalen und länderspezifischen Grenzen und wurde dadurch blockiert [118, vgl. S. 366–405].

Nicht nur das im Sozialisierungsgesetz verankerte Mitspracherecht der Länder verhinderte die Zielerreichung, sondern auch der Politikwechsel nach den Reichstagswahlen im Juni 1920. Der neue Minister machte von seinen Eingriffsrechten keinen Gebrauch, hielt staatliche Interventionen für schädlich und setzte auf das freie Spiel der Marktkräfte, was bestehende Unternehmen und ländereigene Elektrizitätswirtschaften stärkte [118, vgl. S. 409–413].

Nach dem Krieg war das Reich durch die Übernahme von Kraftwerken und Infrastruktur neben den kommunalen und ländereigenen Unternehmen selbst zu einem bedeutenden Akteur in der Energiewirtschaft geworden. Es fehlte jedoch eine unparteiische Instanz, die die gesamte Stromversorgung überwachte und ausschließlich nach volkswirtschaftlichen Kriterien die Interessen der Allgemeinheit vertrat. Bis zum Ende der Weimarer Republik im Jahr 1933 konnte hierfür keine Lösung gefunden werden [118, vgl. S. 434].

Erst die Nationalsozialisten setzten mit einem Handstreich um, was den Regierungen der Weimarer Republik über Jahrzehnte nicht gelungen war: die umfassende Regulierung der Elektrizitätswirtschaft. Dabei griffen sie nicht auf eigene Konzepte zurück, sondern nutzten bestehende Pläne und Ideen der 1920er Jahre. Ihr originärer Beitrag bestand darin, politische Widerstände auszuschalten und die Industrie zur freiwilligen Unterordnung unter das Diktat der Partei und den „Führerwillen“ zu zwingen. Die Elektrizitätswirtschaft beruhte 1933 auf Privateigentum, das jedoch dem Staat hörig war, auf der Gleichschaltung der Verbände, der Zerschlagung des Föderalismus und der Entmachtung der Kommunen. Damit beseitigten die Nationalsozialisten die bisherigen Beharrungskräfte in Politik und Ökonomie. Mit dem 1934 erlassenen wirtschaftspolitischen Ermächtigungsgesetz erhielt der Staat per Verordnung die Kontrolle über den Elektrizitätssektor. Das 1935 verabschiedete Energiewirtschaftsgesetz setzte schließlich die lange geforderte umfassende staatliche Regulierung um – diesmal jedoch mit praktischer Anwendung. Anders als das Sozialisierungsgesetz sah es keine Verstaatlichung großer Kraftwerke und Übertragungsleitungen vor. Stattdessen wurden Entwicklungsziele formuliert und die Branche kontrollierend, korrigierend und im Bedarfsfall sanktionierend gesteuert.

Die wesentlichen Strukturen der Elektrizitätswirtschaft hatten sich seit den Anfängen der Elektrifizierung herausgebildet und spätestens in den 1920er Jahren durch kommunale und ländereigene Betriebe sowie Landesversorger verfestigt. Auch Monopole und Kartelle waren bis 1935 längst etabliert. Das Energiewirtschaftsgesetz stellte somit den legislativen Rahmen für gewachsene Strukturen dar, der bis 1998 unverändert Bestand haben sollte [118, vgl. S. 443–457].

2.3 Energiepolitische Ziele und Entwicklungen

Nachfolgend eine kurze Beschreibung der energiepolitischen Entwicklung seit der Entdeckung des dynamoelektrischen Prinzips bis zur Gegenwart. Eine detaillierte Beschreibung der einzelnen in Abb. 2.2 dargestellten Phasen der Energiewirtschaft und -politik kann in [9, S. 7–39] nachgelesen werden.

Um das Energiesystem der Gegenwart zu verstehen, ist ein Blick in die Vergangenheit hilfreich. Wie zu Beginn von Kap. 2 ausgeführt, dauerte die **technische Ära** von 1866 bis 1919. Es verging fast ein halbes Jahrhundert, bis aus der Entdeckung des dynamoelektri-

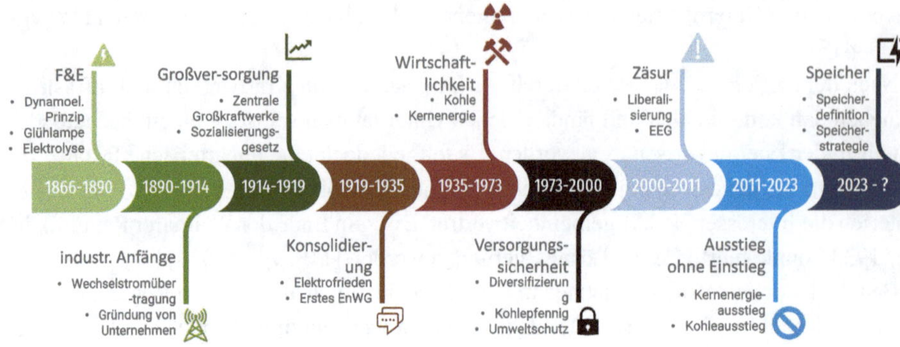

Abb. 2.2 Entwicklung der Energiewirtschaft im Laufe der Zeit

schen Prinzips durch Werner von Siemens ein staatlich regulierter Industriezweig hervorging. Von der Telegrafie über die Beleuchtung bis hin zum Elektromotor – beispielsweise in Straßenbahnen – fanden sich rasch massentaugliche Anwendungen. Der Elektromotor hielt zunehmend auch in der mechanischen Industrie, in Werkstätten und Fabriken Einzug und verdrängte dort die Dampfmaschine. In der chemischen Industrie stieg der Bedarf an Elektrizität, etwa durch die Aluminiumproduktion mittels Elektrolyse. Der wachsende Strombedarf führte in den 1880er Jahren zu einem rapiden Anstieg des Marktes für Dynamomaschinen.

Mit den vielfältigen Einsatzmöglichkeiten von Elektrizität stieg nicht nur der reine Bedarf, sondern auch ihre gesellschaftliche und wirtschaftliche Bedeutung. Es entstand ein neuer Industriezweig: die Elektrizitätswirtschaft. Die Zahl börsennotierter Unternehmen nahm zu. Charakteristisch war die immanente Eigenschaft, Netze zu bilden und dabei auf die Nutzung öffentlicher Wege und Flüsse sowie das Überqueren von Straßen, Flüssen und Bahnlinien angewiesen zu sein. Die Genehmigungen hierzu lagen bei den Kommunen, die durch die Vergabe von Konzessionen Einfluss auf Preisgestaltung und Verteilung nahmen. Viele Städte beteiligten sich daher an Elektrizitätsunternehmen oder gründeten eigene Stadtwerke – ebenso wie zahlreiche Länder und schließlich auch das Reich.

Zu Beginn des 20. Jahrhunderts begannen Ökonomen zu diskutieren, wie dieser Industriezweig am besten zu regulieren sei. Als höchste politische Instanz erschien das Reich am besten geeignet. Erste Versuche, fiskalischen Zugriff auf die Elektrizitätswirtschaft zu erlangen, scheiterten jedoch am Widerstand der Branche. Auch die Bemühungen, ein Staatsmonopol zu errichten oder die Elektrizitätswirtschaft vollständig in Reichsbesitz zu überführen, blieben erfolglos. Die **politische Ära** war eingeläutet.

Nach dem Ersten Weltkrieg war das Reich durch Übernahmen von Kraftwerken und Infrastruktur – neben kommunalen und ländereigenen Unternehmen – selbst zu einem bedeutenden Akteur geworden. Eine unparteiische Instanz, die die gesamte Stromversorgung überwachte, volkswirtschaftlich optimierte und die Interessen der Allgemeinheit vertrat, entstand jedoch nicht. Bis zum Ende der Weimarer Republik im Jahr 1933 wurde keine Lösung gefunden. Die Nationalsozialisten vollzogen mit einem Handstreich, was in den Jahrzehnten zuvor nicht gelungen war: eine umfassende Regulierung der Elektrizitätswirtschaft. Durch ein wirtschaftspolitisches Ermächtigungsgesetz erhielt der Staat 1934 per Verordnung die Kontrolle über den Elektrizitätssektor. Anders als beim Sozialisierungsgesetz vorgesehen, war keine Verstaatlichung großer Kraftwerke und Übertragungsleitungen geplant. Stattdessen sollten Entwicklungsziele definiert und die Branche kontrollierend, korrigierend und sanktionierend gesteuert werden. Zur Regulierung diente das 1935 verabschiedete Energiewirtschaftsgesetz (EnWG).

Die Strukturen der Elektrizitätswirtschaft hatten sich entlang von Partikularinteressen und regionalen Monopolgebieten herausgebildet und verfestigt. Mit dem EnWG wurden diese gewachsenen Strukturen in einen legislativen Rahmen überführt. Mit dem Jahr 1935 begann die **energiepolitische Ära.** Während der Kriegsjahre lag der Fokus auf einer sicheren Energieversorgung und auf Rationalisierung. Knappe Ressourcen mussten im Sinne der Aufrüstung sparsam genutzt werden. Auch in den Nachkriegsjahren und in der Gründungsphase der Bundesrepublik Deutschland stand die effiziente Ressourcennutzung für den Wiederaufbau im Vordergrund. Von großer Bedeutung war hierbei das Grundgesetz: Es ordnete die Regelungen der Energiewirtschaft der konkurrierenden Gesetzgebung zu. Den Ländern wurde damit die Befugnis eingeräumt, eigene energiewirtschaftliche Gesetze zu erlassen, sofern der Bund seine Gesetzgebungskompetenz nicht nutzte. Der Bund blieb jedoch der zentrale energiepolitische Akteur und konnte durch Förderprogramme, Anreizsysteme und Gesetze die wesentlichen Grundlagen schaffen. Gleichzeitig hatten die Länder die Möglichkeit, über eigene Energie- und Klimaprogramme die Ziele der Bundesregierung zu beschleunigen oder zu verlangsamen. Auch Entscheidungen über den Netzausbau und die Flächennutzung verliehen ihnen energiepolitisches Gewicht. Als dritter Akteur traten die Kommunen hinzu, die über ihre Stadtwerke sowie über Flächennutzungs- und Bauleitpläne Einfluss nahmen.

In den Nachkriegsjahren lag der Schwerpunkt der Energiepolitik auf der Bereitstellung günstiger Energie. Der Kohlesektor wurde mit Finanzmitteln gestützt. Als er durch Preisabsprachen höhere Preise durchsetzen wollte, förderte die Bundesregierung gezielt Öl als Konkurrenzenergieträger. Um den angeschlagenen Kohlesektor zu schützen und zugleich Wählerinteressen zu bedienen, wurde ein Importverbot für Kohle verhängt und eine Mineralölsteuer eingeführt. Der zunächst skeptischen Haltung der Branche gegenüber dem 1960 verabschiedeten Atomgesetz begegnete die Bundesregierung mit finanziellen Anreizen.

Anfang der 1970er Jahre zeigte sich die deutsche Importabhängigkeit deutlich: Während der Anteil der Steinkohle am Primärenergiebedarf binnen 15 Jahren von 70 % auf 24 % sank, stieg der Ölanteil von 11 % auf 55 %. Das mit den Ölkrisen sichtbar gewordene Risiko sollte durch Diversifizierung der Bezugsquellen sowie durch den verstärkten Einsatz von Erdgas, Braunkohle und Kernenergie verringert werden. Der Fokus lag weiterhin auf heimischer Kohle, während die Anti-Atomkraft-Bewegung den Ausbau der Kernkraftwerke bremste. Die in Energieprogrammen vorgesehenen Ausbauziele für Kernenergie (45 GW) wurden später nicht mehr aufgegriffen.

Bis in die 1980er Jahre hinein verstand man unter Umweltschutz vor allem den effizienten Einsatz fossiler Ressourcen. Die „Technische Anleitung zur Reinhaltung der Luft" (TA Luft) markierte einen Meilenstein: Erstmals verpflichtete sie Betreiber von Kraftwerken und Industrieanlagen zur Einhaltung von Emissionsgrenzwerten – ein klarer politischer Eingriff zugunsten des Umweltschutzes. Umweltschutz entwickelte sich damit zu einem politischen Thema.

Die energiepolitische Bedeutung der heimischen Steinkohle blieb auch in den 1980er Jahren bestehen. Stilllegungen zahlreicher Zechen begegnete die Bundesregierung mit einer Verlängerung des Jahrhundertvertrags, der seit 1977 die Kraftwerke verpflichtete, festgelegte Mengen deutscher Steinkohle zu nutzen. Der Vertrag, ursprünglich bis 1995 befristet, wurde zunächst bis 2005 verlängert und die Subventionen schließlich bis 2018 aufrechterhalten.

Ein weiterer Meilenstein war das Stromeinspeisungsgesetz von 1990. Es beseitigte die von Energieversorgern auferlegten Hürden für die Einspeisung von Strom aus Windkraft, Wasserkraft und Biomasse. Damit legte es den Grundstein für das „Erneuerbare-Energien-Gesetz" (EEG), das im Jahr 2000 verabschiedet wurde. Bereits zuvor hatte die EU-Binnenmarktrichtlinie für Elektrizität eine Liberalisierung der Stromwirtschaft vorgesehen und die Monopole vertikal integrierter Unternehmen aufgebrochen. Damit war eine Zäsur des seit einem Jahrhundert gewachsenen Energiesystems eingeleitet.

Die **Ära der Systemtransformation** begann. Neben dem EEG verkündete die Bundesregierung Anfang der 2000er Jahre den Ausstieg aus der Kernenergie. Die stillgelegte Leistung sollte durch erneuerbare Energien ersetzt werden[2].

Der Atomausstieg wurde von nachfolgenden Regierungen zunächst zurückgenommen, nach der Reaktorkatastrophe von Fukushima 2011 jedoch erneut beschlossen – der sprichwörtliche „Ausstieg aus dem Ausstieg vom Ausstieg". In der Folge setzte man verstärkt auf Kohle, Erdgas sowie Förderprogramme und Ausbauziele für erneuerbare Energien. Diese verdrängten die für die Transformation vorgesehenen Gaskraftwerke zunehmend aus dem Markt. Im Jahr 2018 wurde der Ausstieg aus der Kohleverstromung bis 2038 beschlossen und eine nationale Wasserstoffstrategie verabschiedet.

[2] Dies verdeutlicht die Krux: Gesicherte Leistung von Kernkraftwerken wird durch volatile Leistung der Erneuerbaren ersetzt; unberücksichtigt bleibt die tatsächlich erzeugbare Strommenge (Volllaststunden) sowie die Notwendigkeit, volatile Erzeugung vom Verbrauch zu entkoppeln. Hinzu kommt der Ersatz zentraler Großkraftwerke durch dezentrale EE-Anlagen, die oft weit entfernt von den Verbrauchszentren stehen und neue Netze erfordern, sowie der steigende Bedarf an (nicht-frequenzgebundenen) Systemdienstleistungen.

3 Energiespeicherbedarf und -technologien

Im vorangegangenen Kapitel wurde die Entstehung und Weiterentwicklung der Energiepolitik erläutert, deren Schwerpunkte sich im Laufe des vergangenen Jahrhunderts mehrfach verändert haben. Mit dem Erneuerbare-Energien-Gesetz (EEG) im Jahr 2000 wurde erstmals ein deutlicher Fokus auf die Umweltverträglichkeit der Energieversorgung gelegt. Gleichzeitig leitete das EEG eine bis heute fortwirkende Zäsur ein, die das Energiesystem grundlegend verändern sollte. Neben dem Ziel, den Anteil erneuerbarer Energien an der Stromversorgung zu erhöhen, wurde der gesetzliche Einspeisevorrang für Strom aus erneuerbaren Energien eingeführt. Dieser hat – gemeinsam mit dem verstärkten Ausbau volatiler erneuerbarer Erzeugung wie Windkraft und Photovoltaik – die Einsatzreihenfolge der Kraftwerke verändert und sukzessive Spitzenlastkraftwerke mit hohen variablen Kosten (u. a. Gaskraftwerke) aus dem Markt gedrängt. Mit dem im Jahr 2011 beschlossenen Ausstieg aus der Kernenergie bis 2022[1] und dem 2018 beschlossenen Kohleausstieg bis spätestens 2038 wurde der zukünftige Entwicklungspfad der Energieversorgung klar definiert: dezentral und geprägt von volatilen erneuerbaren Energien. Die Stromerzeugung wird künftig nahezu vollständig aus erneuerbaren Quellen beziehungsweise aus erneuerbaren Energien erzeugten Brennstoffen erfolgen. Parallel zur Verschärfung der Treibhausgasreduktionsziele wurde auch der Zielkorridor für den Ausbau der installierten Leistung aus Windkraft, Photovoltaik und Biomasse mehrfach angepasst und zeitlich vorgezogen. Gleichzeitig wurden die angestrebten Ausbaukapazitäten schrittweise erhöht. Grund hierfür ist die Defossilisierung[2] der Sektoren Verkehr und Wärme durch den Einsatz des Energieträgers Strom bzw. von grünem

---

[1] Aufgrund des Ukraine-Kriegs auf den 15. April 2023 verschoben.

[2] Fälschlicherweise wird oft von der „Dekarbonisierung" der Sektoren Wärme und Verkehr gesprochen. Kohlenstoffbasierte Produkte sind in kaum einem wirtschaftlichen Bereich verzichtbar, insbesondere nicht in der chemischen Industrie. Ziel ist die „Defossilisierung", d. h. die Vermeidung von Kohlenstoff, der neu aus fossilen Quellen in Umlauf gebracht wird [70].

O. Akpinar, *Stromspeicher*, https://doi.org/10.1007/978-3-658-51235-4_3

Wasserstoff[3], wodurch der Strombedarf zusätzlich ansteigt. Die zunehmende Volatilität der Stromerzeugung erfordert nicht nur eine größere systemische Flexibilität, sondern auch die Möglichkeit, Erzeugung und Verbrauch räumlich und zeitlich voneinander zu entkoppeln. In der vergangenen Dekade wurde der hierfür notwendige Speicherbedarf wiederholt untersucht. Die Ergebnisse unterscheiden sich – je nach zugrunde liegenden Annahmen – zum Teil erheblich, kommen jedoch übereinstimmend zu dem Schluss, dass der Speicherbedarf mit wachsendem Anteil erneuerbarer Energien an der Stromerzeugung steigt. In diesem Kapitel werden die betrachteten Energieszenarien sowie der daraus abgeleitete Speicherbedarf im zeitlichen Verlauf dargestellt. Zudem werden die in dieser Arbeit untersuchten Energiespeichertechnologien eingeführt und ihre Auswahl begründet. Abschließend erfolgt eine Erläuterung des Unterschieds zwischen Energie- und Stromspeichern sowie zwischen Speicherung und Sektorkopplung.

3.1 Definition des Energiespeicherbegriffs

Der Begriff der Energiespeicherung ist bis heute nicht einheitlich definiert, obwohl Energiespeicher sowohl für das gegenwärtige als auch für das zukünftige klimaneutrale Energiesystem von zentraler Bedeutung sind bzw. sein werden. Für eine konsistente Diskussionsgrundlage ist daher eine präzise Begriffsbestimmung erforderlich. Nachfolgend werden ausgewählte Definitionen aufgegriffen und diskutiert. Gemäß Stadler et al. entsteht jegliche organische Masse direkt oder indirekt durch Photosynthese und stellt somit „gespeicherte Solarenergie“ dar [115, S. 5]. Dazu zählen beispielsweise Biomasse oder Holz. Sie entstehen durch die Assimilation von CO_2, Solarenergie und Wasser und regenerieren sich im menschlichen Zeithorizont. Folglich handelt es sich um erneuerbare bzw. regenerative gespeicherte Solarenergie. Abgestorbene und akkumulierte organische Biomasse, die sich in Mooren unter Luftabschluss, Druck und Temperatur ansammelte, wurde über geologische Zeiträume zu Braunkohle und – unter höherem Druck und längerer Zeit – zu Steinkohle umgewandelt. In ähnlicher Weise entstand Erdöl aus tierischer und pflanzlicher Biomasse, die sich unter Sedimentschichten des Meeres ablagerte und unter Druck, Temperatur und langen Zeiträumen veränderte. Durch Zersetzungsprozesse tritt Erdöl stets gemeinsam mit Erdgas auf. Biomasse, Kohle und Öl sind somit gespeicherte Energie, jedoch keine Energiespeicher. Wären sie es, müssten Kohlebunker, Holzstapel oder Öltanks als Energiespeicher gelten. Die Zeitspanne der natürlichen Entstehung organischer Energieträger trägt jedoch nicht zur technischen Notwendigkeit der zeitlichen Entkopplung von Stromerzeugung und -verbrauch bei. Stadler et al. [115] definieren Energiespeicher wie folgt:

> „Ein Energiespeicher ist eine energietechnische Anlage zur Speicherung von Energie in Form von innerer, potentieller oder kinetischer Energie. Ein Energiespeicher umfasst die drei Pro-

[3] „Grüner Wasserstoff wird durch Elektrolyse von Wasser hergestellt, wobei für die Elektrolyse ausschließlich Strom aus erneuerbaren Energien zum Einsatz kommt“ [35].

zesse Einspeichern (Laden), Speichern (Halten) und Ausspeichern (Entladen) in einem Zyklus. Diese werden physikalisch in Form von Energiewandlern (Ein- und Ausspeichern), einer Speichereinheit (Halten) und Hilfsaggregaten realisiert, weshalb die gesamte Anlage auch als Energiespeichersystem bezeichnet wird."

Aus dieser Definition wird der technische Charakter der Energiespeicherung deutlich, da sie sowohl einen Einspeicher- als auch einen Ausspeicherprozess umfasst. Die Definition legt weder für die einzuspeichernde Energieform noch für die ausgespeicherte Energieform eine Einschränkung fest [115]. Auffällig ist jedoch, dass in dieser Definition ausschließlich die aus der klassischen Mechanik bekannten Energieformen berücksichtigt werden. Elektrochemische Speicher wie Batterien oder die chemische Speicherung mittels Elektrolyse bleiben unberücksichtigt. Ähnlich definiert auch der Bundesverband der Energie- und Wasserwirtschaft (BDEW) den Begriff Energiespeicher in seiner Stellungnahme aus dem Jahr 2014 [41]:

„Anlagen, die Energie mit dem Ziel der elektrischen, chemischen, elektrochemischen, mechanischen oder thermischen Speicherung aufnehmen und einer zeitlich verzögerten Nutzung wieder zur Verfügung stellen."

Die Ein- und Ausspeicherung werden nicht explizit erwähnt, sind im Anlagenbegriff jedoch implizit enthalten. Der Energiebegriff wird hierbei weiter gefasst und um elektrochemische, chemische sowie thermische Energieformen ergänzt. Zusätzlich unterscheidet der BDEW zwischen Energie- und Stromspeichern:

„Energiespeicher, die elektrische Energie aus einem Netz für die allgemeine Versorgung aufnehmen, diese zwischenspeichern und die ausgespeicherte elektrische Energie wieder in ein Netz für die allgemeine Versorgung einspeisen. Der Bezug von elektrischer Energie zum Zweck der Zwischenspeicherung in einem Stromspeicher gilt nicht als Letztverbrauch."

Der Stromspeicher bezieht sich dabei explizit auf den Sektor der Elektrizitätswirtschaft, während die Sektoren Wärme und Verkehr ausgeklammert werden. Der Hinweis, dass die Zwischenspeicherung kein Letztverbrauch ist, bezieht sich auf das Energiewirtschaftsgesetz. Dieses unterschied bis zu seiner Novelle im Jahr 2021 lediglich zwischen Transport, Erzeugern und Verbrauchern. Während Energiespeicheranlagen im Fall der Ausspeicherung als Erzeuger eingestuft wurden, galten sie im Fall der Einspeicherung als Verbraucher und hatten damit grundsätzlich alle Letztverbraucherabgaben zu entrichten. Auf diese Thematik wird in Kap. 5.3 genauer eingegangen. In der EU-Binnenmarktrichtlinie 2019/944 wurde der Begriff der Energiespeicherung wie folgt definiert [59]:

„Energiespeicherung im Elektrizitätsnetz die Verschiebung der endgültigen Nutzung elektrischer Energie auf einen späteren Zeitpunkt als den ihrer Erzeugung oder die Umwandlung elektrischer Energie in eine speicherbare Energieform, die Speicherung solcher Energie und ihre anschließende Rückumwandlung in elektrische Energie oder Nutzung als ein anderer Energieträger;"

Die Energiespeicherung konzentriert sich in der Definition der EU auf den Elektrizitätssektor. Aufgrund der Verpflichtung aus der Binnenmarktrichtlinie, eine Energiespeicherdefinition in nationales Recht zu überführen, wurde diese mit der Novelle des Energiewirtschaftsgesetzes im Jahr 2021 in deutsches Recht umgesetzt:

> „Energiespeicheranlagen: Anlagen, die elektrische Energie zum Zwecke der elektrischen, chemischen, mechanischen oder physikalischen Zwischenspeicherung verbrauchen und als elektrische Energie erzeugen oder in einer anderen Energieform wieder abgeben,"

Die deutsche Definition hält weiterhin am Verbrauchsbegriff fest, beschränkt sich jedoch im Gegensatz zur Definition der EU bei der Ausspeicherung nicht ausschließlich auf den Elektrizitätssektor, sondern umfasst auch die sogenannte „Sektorkopplung". Gemäß Stadler et al. [115] sind sektorenkoppelnde Energiespeicher

> „Energiespeicher, die in einem oder mehreren Energiesektoren eingesetzt werden und uni- und/oder bidirektional arbeiten und dabei zwei oder mehrere Sektoren miteinander koppeln."

Dementsprechend erfolgt das Ein- und Ausspeichern nicht zwangsläufig im selben Sektor (s. Abb. 3.1). Das Energiesystem der Zukunft wird vollständig auf erneuerbaren Energien basieren, so dass Elektrizität der Hauptenergieträger und somit auch maßgebliche Eingangsgröße in den Sektoren Wärme und Verkehr sein wird. Energiespeicher werden zukünftig nicht mehr nur auf den Elektrizitätssektor beschränkt bleiben, sondern auch die unterschiedlichen Sektoren miteinander verbinden. Es zeichnet sich dabei ab, dass die Technologien Pumpspeicher, Batterie und Elektrolyseur eine maßgebliche Rolle in der Energiespeicherung spielen

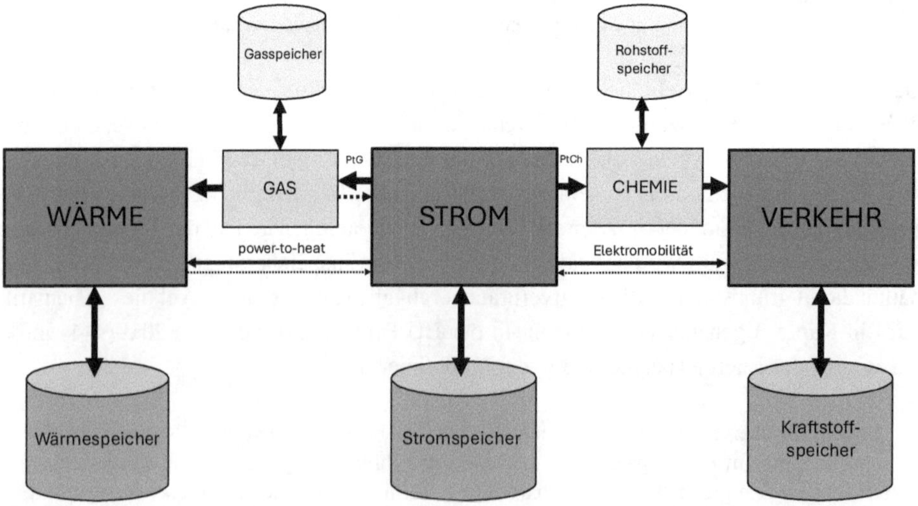

Abb. 3.1 Sektorkopplung mit den drei Hauptsektoren Strom, Wärme und Verkehr

werden [53]. Batteriespeichersysteme kommen nicht nur großtechnisch zur Bereitstellung von Primärregelleistung zum Einsatz, sondern auch in PV-Heimbatteriesystemen, sowie in der Elektromobilität. Letztere trägt zusätzlich dazu bei, dass die Sektoren Elektrizität und Verkehr miteinander gekoppelt werden. Pumpspeicher waren und sind die Referenz großtechnischer Energiespeicherung, da sie nicht nur in der Lage sind, Erzeugung und Verbrauch über mehrere Stunden bzw. Tage voneinander zu entkoppeln, sondern auch die ganze Bandbreite frequenzabhängiger und nicht-frequenzabhängiger Systemdienstleistungen anzubieten, die das Energiesystem der Zukunft dringend benötigt. Power-to-X Systeme, speziell Power-to-H_2 können als Langzeitspeicher eingesetzt werden. Die bedeutendere Rolle kommt der Technologie insbesondere in der Defossilisierung des Industrie und speziellen Bereichen des Verkehrssektors (Flug- und Schwertransport) zu. Wasserstoff wird in den genannten Sektoren direkt stofflich eingesetzt oder in weiteren Wandlungsstufen bspw. zu E-Fuels weiterverarbeitet werden. Aus Gründen der besonderen Relevanz beschränken sich die nachfolgenden Betrachtungen auf diese drei Technologien.

3.2 Energieszenarien und die Frage des Speicherbedarfs

Ab dem Jahr 2000 rückte im energiepolitischen Zieldreieck der Umweltaspekt in den Vordergrund. Erneuerbare Energien sollten dazu beitragen, die Treibhausgasemissionen zu senken und schrittweise die konventionellen Energieträger zu ersetzen. Während über das übergeordnete Ziel des Pfades weitgehend Einigkeit bestand, wird der Weg dorthin bis heute kontrovers diskutiert. Mit dem sukzessiven Ausbau erneuerbarer Energien gewann der Speicher- und Flexibilitätsbedarf zunehmend an Bedeutung. Je konsequenter der Pfad in Richtung Klimaneutralität verfolgt wird und je volatiler das Energiesystem durch EEG, Energiewende, Kohleausstieg und das Bekenntnis zu grünem Wasserstoff als Zukunftstechnologie wird, desto wichtiger werden die installierte Speicherleistung, die Speicherkapazität und die systemische Flexibilität.

3.2.1 Zwischen EEG und Energiewende (2000–2011)

Die Verabschiedung des EEG im Jahr 2000 hatte das Ziel, die Stromerzeugung sukzessive zu defossilisieren. Strom aus erneuerbaren Energien sollte die Verbrennung fossiler Energieträger schrittweise ersetzen und die Treibhausgasemissionen im Energiesektor reduzieren. Das Energiekonzept der Bundesregierung von 2010 legte erstmals konkrete Zielgrößen fest: für den Pfad der Treibhausgasreduktion, den Anteil erneuerbarer Energien am Bruttostrom- und Bruttoendenergieverbrauch sowie für die Senkung des Primärenergieverbrauchs.

Der Ausbau volatiler Energieträger wie Wind und Sonne machte die Bedeutung der Versorgungssicherheit deutlich: Die Hauptquellen der Stromerzeugung sind nicht mehr planbar, Stromerzeugung und -verbrauch fallen nicht mehr synchron zusammen.

Für die erforderlichen Ausgleichs- und Reservekapazitäten waren im Jahr 2010 weiterhin Kohle- und Gaskraftwerke vorgesehen, die aufgrund der steigenden Dynamik des Energiesystems flexibler betrieben werden sollten. Fossil-thermische Kraftwerke sollten durch Modernisierungen zudem einen Beitrag zum Klimaschutz leisten.

Die Kernenergie wurde zunächst als wichtige Brückentechnologie betrachtet. Deshalb plante man, die Laufzeiten der 17 Kernkraftwerke in Deutschland im Durchschnitt um 12 Jahre zu verlängern. Die Einnahmen aus der Kernbrennstoffsteuer sollten zur Finanzierung von Maßnahmen im Bereich erneuerbare Energien und Energieeffizienz genutzt werden. Durch den fluktuierenden Charakter der Stromerzeugung gewann der Ausbau von Speicherkapazitäten an Bedeutung. Mittelfristig sollten vor allem die deutschen Potenziale für Pumpspeicher erschlossen werden, daneben wurden auch Speicherpotenziale in der alpinen und norwegischen Wasserkraft gesehen [39]. Während Pumpspeicher vor der Jahrtausendwende hauptsächlich zur Stromveredelung und zur Optimierung thermischer Kraftwerke eingesetzt wurden, galten sie nun als notwendige Ergänzung zu volatilen erneuerbaren Energien.

3.2.2 Konzepte und Szenarien: Nach der Kernenergie und vor dem Kohleausstieg (2011–2018)

Mit der Reaktorkatastrophe von Fukushima überschlagen sich die Ereignisse innerhalb kürzester Zeit: Die von der rot-grünen Bundesregierung geplante Verlängerung der Kernkraftnutzung wurde durch die schwarz-gelbe Bundesregierung hinfällig, und damit auch die ursprünglich zugedachte Rolle der Kernenergie als Brückentechnologie.

Durch den vorgegebenen Entwicklungspfad in Bezug auf Treibhausgasemissionen und den Ausbau erneuerbarer Energien war das Ziel der Energiewende bereits fixiert. Neben Zukunftsszenarien der Energieversorgung wurde auch der Speicherbedarf in zahlreichen Studien untersucht. Nachfolgend werden die in der Literatur am häufigsten zitierten Studien zum Speicherbedarf diskutiert. In der 2010 erschienenen Studie Energieziel 2050: 100 % Strom aus erneuerbaren Quellen entwarf das Umweltbundesamt Szenarien für einen vollständig erneuerbaren Energiemix. Die Treibhausgasemissionen sollten gemäß den Zielvorgaben auf 80–95 % reduziert werden [39]. Die Studie stellt fest, dass in einem solchen System ein erheblicher Bedarf an Stromspeichern und Lastmanagement besteht. Für Kurzzeitspeicher sollten die Pumpspeicherpotenziale im In- und Ausland ausgeschöpft werden. Für die perspektivisch notwendigen Langzeitspeicher eignen sich chemische Speicher wie Wasserstoff-Elektrolyseure, die den Wasserstoff entweder direkt oder nach Umwandlung in Methan speichern. Letzteres ist jedoch mit großen Wirkungsgradverlusten verbunden. Kurz- und Langzeitspeicher sollten vor allem den Ausgleich volatiler Anlagen gewährleisten, während Lastmanagement Lastspitzen zeitlich verschiebt [126].

In der 2012 erschienenen Studie Langfristszenarien und Strategien für den Ausbau der erneuerbaren Energien in Deutschland bei Berücksichtigung der Entwicklung in Europa und global, die vom Bundesumweltministerium in Auftrag gegeben wurde, werden neben den Entwicklungspfaden des Energiekonzepts von 2010 auch die Energiewende ab Sommer 2011 und der damit verbundene Kernenergieausstieg berücksichtigt. Die Szenarien unterscheiden sich in der Elektrifizierung des Verkehrssektors und der direkten Nutzung von Wasserstoff bzw. seiner Umwandlung in Methan zur Langzeitspeicherung. Die Studie erwähnt die Nutzung der gasförmigen Energieträger H_2 und CH_4 und deutet damit die Bedeutung der Sektorkopplung an. Ebenso wird auf die Wirkungsgradverluste bei der Herstellung von Wasserstoff und Methan hingewiesen und die Priorisierung der direkten Nutzung von Strom aus erneuerbaren Energien betont. Zudem wird der stark wachsende Bedarf an Ausgleichs- und Speichermöglichkeiten hervorgehoben, der mit zunehmendem Anteil volatiler Erzeugungstechnologien wie Windkraft und Photovoltaik steigt. Der Großteil der Speicherleistung wird zukünftig für die Bereitstellung von Regelleistung benötigt, während der langfristige technische und ökonomische Speicherbedarf weiterer Forschungsprojekte vorbehalten bleibt [40].

Ebenfalls 2012 erschien die VDE/ETG-Studie Energiespeicher für die Energiewende, basierend auf der Studie Langfristszenarien 2010 des BMU. Sie untersucht, welchen Beitrag Kurz- und Langzeitspeicher zum Ausgleich von Last und volatiler Erzeugung leisten können. Bis zu einem Anteil erneuerbarer Energien von 40 % seien keine zusätzlichen Speicher erforderlich. Mit zunehmendem Ausbau erneuerbarer Energien steigt der Speicherbedarf sukzessive. Im 100 %-Szenario, in dem alle fossilen Energieträger durch erneuerbare ersetzt werden, ergibt sich ein Bedarf von maximal 46 GW bzw. 197 GWh für Kurzzeitspeicher und 69 GW für Langzeitspeicher. Die Studie betrachtet ausschließlich das deutsche Übertragungsnetz und lässt das europäische Stromnetz außer Acht, geht jedoch davon aus, dass der ermittelte Speicherbedarf nicht nur durch inländische Speicher gedeckt werden muss [132].

Die 2014 veröffentlichte Roadmap Speicher des Bundesministeriums für Wirtschaft und Energie kommt zu einem anderen Ergebnis: Unter Berücksichtigung des gesamten ENTSO-E-Netzes zeigt sie, dass bis zu einem Anteil erneuerbarer Energien von etwa 60 % der Ausbau zusätzlicher Stromspeicher nicht erforderlich ist. Auch bei hohen Anteilen (90 % in Deutschland und 80 % in Europa) könne die Flexibilisierung von Erzeugung und Verbrauch ohne zusätzliche Speicher erreicht werden. Voraussetzung sei, dass ausreichend grundlastfähige erneuerbare Erzeugung aus solarthermischen Kraftwerken, Biomasse und Geothermie verfügbar ist. Je größer der Anteil volatiler Stromerzeugung aus Windkraft und Photovoltaik, desto höher wird jedoch der Speicherbedarf. Das innerdeutsche Speicherpotenzial wird, abhängig vom Umfang des Lastmanagements, mit 5,5 bis 13 GW angegeben [101].

Metastudien

Mit der Einführung des EEG im Jahr 2000 stieg auch die Bedeutung von Energiespeichern erheblich, sodass zahlreiche Studien zu diesem Thema erschienen, die in diversen Metastudien zusammengefasst und ausgewertet wurden. Im Jahr 2014 veröffentlichte das Bundesministerium für Wirtschaft und Energie die Metastudie Energiespeicher, in der 68

Studien systematisch analysiert wurden. Ziel der Studie war es, die Vergleichbarkeit der unterschiedlichen Ergebnisse herzustellen, da die zugrunde liegenden Studien mit sehr unterschiedlichen Rahmenbedingungen und Annahmen zur Erreichung übergeordneter deutscher und europäischer Energieziele arbeiten. Die Auswertung zeigt, dass die Mehrheit der Studien einen zusätzlichen Kapazitätsbedarf zwischen 3–30 GW bis 2020/2022 bzw. 13–50 GW bis 2030 prognostiziert. Darüber hinaus wird ab einem Anteil erneuerbarer Energien von 80 % ein Bedarf an Power-to-Gas zur Langzeitspeicherung und Rückverstromung von 0–40 TWh gesehen. Es sei an dieser Stelle darauf hingewiesen, dass Power-to-Gas primär als Langzeitspeicher betrachtet wird. Der Bedarf steigt deutlich, wenn Power-to-Gas auch zur Defossilisierung der Sektoren Verkehr und Wärme genutzt wird (250–340 TWh). In diesem Zusammenhang sollte die Verwendung von Speichergasen in den genannten Sektoren gegenüber der Rückverstromung priorisiert werden [71]. Eine weitere Metastudie wurde 2016 von der TU München unter dem Titel Kampf der Studien veröffentlicht. Die Studie bestätigt grundsätzlich die Ergebnisse aus [71], dass zukünftig ein zunehmender Speicherbedarf zu erwarten ist. Allerdings wird dieser Bedarf erst nach dem Jahr 2035 relevant, wenn der Anteil erneuerbarer Energien an der Stromerzeugung 60 % übersteigt (vgl. Abb. 3.2). Zudem wird die Diskrepanz der Ergebnisse der ausgewerteten Studien hervorgehoben, die zwischen 0 und 44 GW Speicherbedarf variieren. Als Ursache werden unterschiedliche Randbedingungen und getroffene Vereinfachungen der betrachteten Studien genannt, die maßgeblich die Ergebnisse beeinflussen. Demnach führt eine rein nationale Versorgung zu einem höheren Speicherbedarf als die Berücksichtigung des europäischen Verbundnetzes und der zusätzliche Ausbau solarthermischer Kraftwerke in Südeuropa und Nordafrika [43]. Auch das 2014 erschienene und 2017 aktualisierte Buch Energiespeicher von Sterner und Stadler widmet

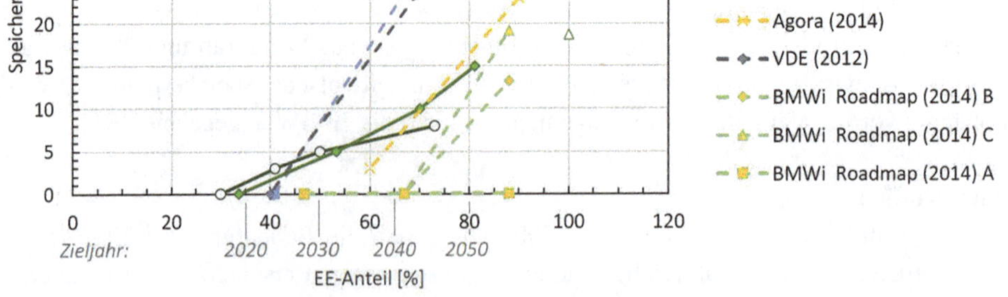

Abb. 3.2 Notwendiger Speicherzubau zusätzlich zu den Bestandsanlagen. (Nach [43])

ein Kapitel dem Speicherbedarf. Die ausgewerteten Studien unterscheiden sich dabei nicht grundlegend von den zuvor erwähnten Metastudien. Kurzfristig kann durch Flexibilisierung des thermischen Kraftwerksparks inklusive KWK-Anlagen, den europäischen Netzausbau und Lastmanagement ein Speicherausbau bis zu einem Anteil erneuerbarer Energien von 40 % an der Stromerzeugung vermieden werden. Bei einer Vollversorgung der Stromerzeugung mit erneuerbaren Energien wird Energiespeicherung jedoch zu einem elementaren Systembestandteil. Sterner und Stadler weisen darauf hin, dass Strom künftig größere Anteile am Primärenergieverbrauch einnehmen und für die Sektoren Wärme und Verkehr verstärkt relevant werden wird. Außerdem verweisen sie auf praktische Herausforderungen, wie etwa die skandinavische Speicherwasserkraft. Diese wird in vielen Studien modelliert, berücksichtigt jedoch nicht, dass Speicherwasserkraftwerke keine Pumpfunktion besitzen und somit keinen Strom aufnehmen, sondern nur gespeicherte potenzielle Energie in Strom umwandeln können. Für eine Nutzung müssten diese Anlagen nicht nur aufgerüstet, sondern auch durch einen skandinavischen Netzausbau sowie einen Anschluss an Mittel- und Westeuropa ergänzt werden [115].

3.2.3 Der beschlossene Kohleausstieg, rechtliche Verbindlichkeit von Klimazielen und deren Verschärfung (2018–2021)

Zwischen 2018 und 2021 ereigneten sich einige unerwartete Entwicklungen, die großen Einfluss auf die Diskussion um Energiespeicher und Flexibilitäten hatten. Die Große Koalition hatte bereits in ihrem Koalitionsvertrag von 2013 angekündigt, die Treibhausgasemissionen bis 2050 um 80 bis 95 % zu reduzieren und diese Ziele in einem Klimaschutzplan mit Maßnahmen zu untermauern [45, S. 37]. Dieser Klimaschutzplan 2050 wurde im November 2016 veröffentlicht und legt „Meilensteine und Ziele [bzgl. Treibhausgasemissionen] als Rahmen für alle Sektoren bis 2050“ fest [33, S. 6]. Zudem kündigte er die Einsetzung einer Kommission „Wachstum, Strukturwandel und Regionalentwicklung“ an, die bis Ende 2018 einen Bericht mit Konzepten für den erwarteten Transformationsprozess erstellen sollte. Im Januar 2019 veröffentlichte die Kommission ihren Abschlussbericht und empfahl ein „Abschlussdatum für die Kohleverstromung“ [34, S. 64]: Demnach soll die Verstromung von Kohle bis 2038 beendet werden, wobei 2032 geprüft werden soll, ob ein Vorziehen des Abschlussdatums auf 2035 möglich ist. Die im Klimaschutzplan 2050 veröffentlichten Emissionsziele für die einzelnen Sektoren wurden durch das im Dezember 2019 erschienene Bundes-Klimaschutzgesetz (KSG) rechtlich verbindlich. Beginnend ab 2020 werden den Sektoren Energiewirtschaft, Industrie, Gebäude, Verkehr, Landwirtschaft, Abfallwirtschaft und Sonstiges zulässige Jahresemissionsmengen bis 2030 vorgegeben. Darüber hinaus legt das Gesetz jährliche prozentuale Minderungsziele für die Jahre 2031 bis 2040 fest [52]. Die Geldbuße bei einem Verstoß wurde auf 50.000 € festgelegt und hat symbolischen Charakter. Dennoch sollte die symbolische Bedeutung eines Gesetzesverstoßes nicht unterschätzt werden. Im April 2021 entschied das Bundesverfassungsgericht, dass die Regelungen des

Klimaschutzgesetzes nicht mit den Grundrechten vereinbar seien, da hinreichende Maßnahmen für die Emissionsreduktion ab 2031 fehlen. Zukünftige Generationen wären damit gezwungen, die erforderlichen Minderungen zunehmend dringender und kurzfristiger zu erbringen. Der Gesetzgeber wurde verpflichtet, die Fortschreibungen der Minderungsziele für die Zeiträume nach 2030 bis zum 31. Dezember 2022 näher zu regeln[4] [42]. Die Bundesregierung kam der Verpflichtung im August 2021 mit dem überarbeiteten Klimaschutzgesetz nach. Die den Sektoren zugewiesenen jährlichen Emissionsmengen wurden – beginnend ab 2024 – verringert, und die Minderungsziele für die Jahre 2031 bis 2040 verschärft. Die deutlichsten Verschärfungen finden sich jedoch in den Meilensteinen: Im Jahr 2030 ist eine Minderung der Treibhausgasemissionen um mindestens 65 % gegenüber 1990 statt zuvor 55 % zu erreichen, bis 2040 mindestens 88 %, und die Netto-Null-Treibhausgasemissionen sollen bereits 2045 erreicht werden (s. Abb. 3.3). Für das Jahr 2050 sind negative Treibhausgasemissionen rechtlich festgeschrieben. Seit der Beschlussfassung zum Kohleausstieg ist absehbar, dass spätestens 2038 keine steuerbaren, grundlastfähigen Kraftwerke mehr zur Verfügung stehen werden. Das Energiesystem wird vollständig von volatilen erneuerbaren Energien abhängig sein. Der mit dem EEG eingeschlagene Pfad – weg von zentralen thermischen Großkraftwerken hin zu dezentralen, volatilen Kleinanlagen – wird nun konsequenter und in einem beschleunigten Tempo verfolgt. Dies verschärft die Zäsur im gesamten Energiesystem. Viele frühere Studien zu zukünftigen Energieszenarien und Speicherbedarfen sind dadurch entweder obsolet geworden oder lassen den Schluss zu, dass die zuvor ermittelten Herausforderungen beim Speicherausbau früher eintreten werden.

3.2.4 Neue Studien zu angepassten Klimazielen und die Bundestagswahl 2021

Im Jahr 2021 erschienen fünf bedeutende Studien, die Szenarien vorschlagen, mit denen die angepassten Klimaziele erreicht werden können:

- Im Mai erschien ein Kurzbericht zu Langfristszenarien für die Transformation des Energiesystems in Deutschland 3, der vom Bundeswirtschaftsministerium in Auftrag gegeben wurde. Zwar berücksichtigt er die im Klimaschutzgesetz 2021 angepassten Klimaziele nicht, es wird jedoch eine Bewertung der Szenarien hinsichtlich der neuen Klimaziele vorgenommen.
- Im Juni erschien die Studie Klimaneutrales Deutschland 2045 von Agora Energiewende, eine Aktualisierung der zuvor erschienenen Studie Klimaneutrales Deutschland 2050 unter Berücksichtigung der neuen Ziele.
- Im Oktober 2021 – unmittelbar nach der Bundestagswahl – erschienen Studien des Bundesverbandes der Deutschen Industrie (BDI), der Deutschen Energie-Agentur (dena) und

[4] Am 14.06.2023 wurde die Ressortabstimmung für die Novelle des Klimaschutzgesetzes und -programms eingeleitet, in der vorgesehen ist, die verbindlichen Sektorziele abzuschaffen.

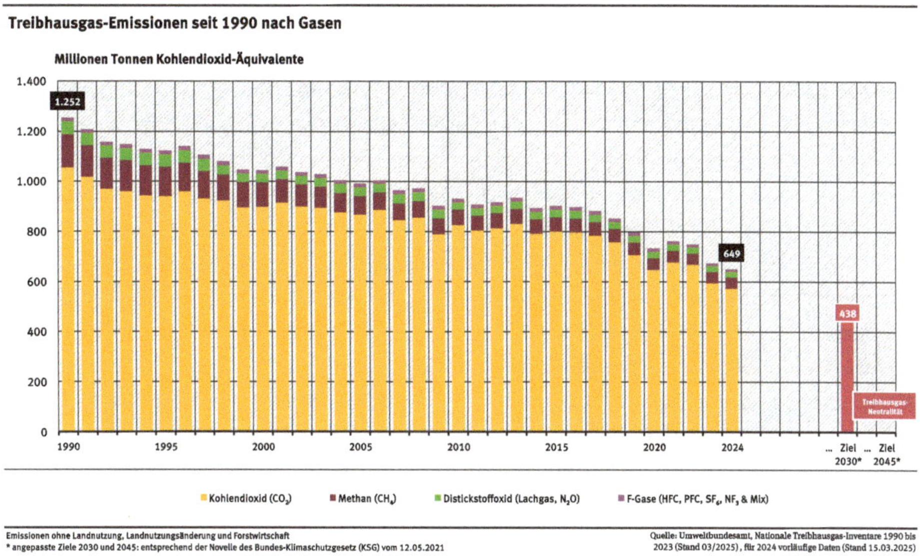

Abb. 3.3 Entwicklung der Treibhausgasemissionen und Ziele 2030/2045 nach Umweltbundesamt

des Potsdam-Instituts für Klimafolgenforschung (PIK), die sich ebenfalls mit den aktualisierten Klimazielen und deren Erreichung befassen. Aufgrund ihrer Bedeutung für den zukünftigen Speicherbedarf werden diese Studien nachfolgend kurz dargestellt.

In Bericht „Langfristszenarien für die Transformation des Energiesystems in Deutschland 3“ des Bundeswirtschaftsministeriums werden drei Szenarien zur Erreichung der Treibhausgasneutralität untersucht. Die Szenarien unterscheiden sich in ihrer Gewichtung auf die drei Hauptenergieträger Strom, Wasserstoff und synthetische Kohlenwasserstoffe. Nur das Szenario mit Strom als Hauptenergieträger erreicht die Treibhausgasziele für 2030 und 2040. Hier steigt die Nettostromerzeugung auf 1050 TWh pro Jahr. Trotz des hohen absoluten Stromverbrauchs wird Strom durch direktelektrische Anwendungen effizienter genutzt. Wasserstoff wird in allen Szenarien nur in geringem Umfang zur Wiederverstromung eingesetzt (ca. 40 TWh). Die Szenarien basieren auf Randbedingungen vor der Novelle des Klimaschutzgesetzes, weshalb strengere Klimaziele nach 2040 eine beschleunigte Entwicklung erfordern [46].

Die Studie „Klimaneutrales Deutschland 2045“ von Agora Energiewende prüft, ob Klimaneutralität bereits 2045 erreicht werden kann, und aktualisiert die vorherige Studie unter den neuen Randbedingungen. Bis 2045 soll die Stromerzeugung vollständig aus erneuerbaren Energien erfolgen, einschließlich der Wiederverstromung von Wasserstoff. Fossile Brennstoffe werden durch Wasserstoff ersetzt, Fernwärme treibhausgasneutral bereitgestellt, und der Kohleausstieg soll auf 2030 vorgezogen werden. Durch die Elektrifizierung von Verkehr und Wärmesektor sowie den Einsatz von grünem Wasserstoff in der Industrie steigt der Stromverbrauch auf etwa 1000 TWh. Der Primärenergieverbrauch wird durch die höheren Wirkungsgrade halbiert. Für die Stromerzeugung werden bis 2045 folgende installierte Kapazitäten benötigt: 385 GW Photovoltaik, 145 GW Wind an Land, 70 GW Offshore-Wind (insgesamt 600 GW volatile Erzeugungsleistung), 2 GW Bioenergie und 6 GW Wasserkraft. Für den kurzfristigen Ausgleich von Erzeugung und Verbrauch werden Batteriespeicher, Lastmanagement und Stromhandel eingesetzt. Die erforderliche regelbare Leistung beträgt 2045 rund 80 GW (6 GW Wasserkraft, 71 GW Gas/Wasserstoff). Der Speicherbedarf liegt bei 59 GW (52 GW Batteriespeicher, 7 GW Pumpspeicher), zusätzlich 6 GW Demand-Side-Management. Der saisonale Ausgleich erfolgt über Rückverstromung von Wasserstoff und skandinavische bzw. alpine Speicher [6].

Der „Ariadne-Report: Deutschland auf dem Weg zur Klimaneutralität 2024" des BMBF modelliert sechs Zielerreichungsszenarien, unterteilt in vier Szenariogruppen, die sich in der Bedeutung von Elektrifizierung, Wasserstoff, synthetischen E-Fuels und Import erneuerbarer Energien unterscheiden. Eine stärkere Elektrifizierung ermöglicht eine schnellere Transformation zu direktelektrischen Anwendungen, während Wasserstoff und E-Fuels einen schnelleren Ausbau der Produktionsinfrastruktur erfordern. Hauptenergieträger sind erneuerbarer Strom, grüner Wasserstoff und grüne E-Fuels sowie nachhaltig erzeugte Biomasse. Der Anteil der Elektrizität an der Endenergienutzung liegt 2045 zwischen 40–69 %, indirekte Elektrifizierung über Wasserstoff/E-Fuels trägt 8–37 % bei. Je stärker Strom genutzt wird, desto spezifischer bleibt der Einsatz von E-Fuels für Industrie, Schiffs- und Flugverkehr sowie als Backup. Der Bruttostrombedarf steigt auf 780–1580 TWh. Die Volatilität von Solar- und Windenergie betont die Notwendigkeit von Speichern und Flexibilitäten [92].

Die dena-Leitstudie „Aufbruch Klimaneutralität" prognostiziert einen Bruttostrombedarf von 910 TWh, bedingt durch den verstärkten Einsatz erneuerbarer Energien für direkte und indirekte Anwendungen. Installiert werden bis 2045: 259 GW Photovoltaik, 124 GW Onshore-Wind, 50 GW Offshore-Wind sowie 59 GW regelbare Gaskraftwerke, die sukzessive auf synthetische Gase umgestellt werden. Flexibilität und Speicherleistung sind entscheidend. Der Endenergieverbrauch sinkt durch höhere Wirkungsgrade von 2489 TWh (2018) auf 1477 TWh (2045). Die Studie betont die Notwendigkeit eines integrierten Marktdesigns und gesellschaftlicher Akzeptanz, da heutige Marktstrukturen fragmentiert und regulatorisch nicht systemisch optimiert sind. Besonders hervorgehoben wird die Belastung des Stroms durch Steuern, Abgaben und EU-ETS, während andere Energieträger wie Heizgas anderen Regelungen unterliegen. Die Energiewende wird als einer der größten Transformationsprozesse der Menschheitsgeschichte beschrieben, weshalb partizipative, kommunikativ begleitete Maßnahmen notwendig sind [48].

Die Studie „Klimapfade 2.0" des BDI berücksichtigt die Klimaziele des aktualisierten Klimaschutzgesetzes. Die für 2045 prognostizierte Nettostromerzeugung liegt bei 1095 TWh, die installierte Leistung bei 621 GW (davon über 480 GW Windkraft/Photovoltaik). Wesentliche Maßnahmen für den Energiewirtschaftssektor sind der Ausbau erneuerbarer Stromerzeugung, Netzausbau, Aufbau der Wasserstoffinfrastruktur und thermische Leistung zur Versorgungssicherheit. Bis 2045 sollen 88 GW Gaskraftwerke installiert werden, die zu 100 % mit grünen Gasen betrieben werden. Energiespeicherung wird in dieser Studie nicht explizit behandelt [14].

3.2.5 Vergleichbarkeit der Studien

Aufgrund der unterschiedlichen Annahmen und Randbedingungen sind die einzelnen Studien nur eingeschränkt miteinander vergleichbar. Dennoch lassen sich wichtige Erkenntnisse ableiten. Während in den Jahren 2000–2010 noch auf Kernenergie als Brückentechnologie gesetzt wurde, spielt sie in den Studien zwischen 2010 und 2020 keine Rolle mehr. Die zwischen 2010 und 2020 erschienenen Studien gehen von einem verhältnismäßig hohen Anteil fossiler Kraftwerke aus, die nach dem beschlossenen Kohleausstieg im Jahr 2018 langfristig nicht mehr zur Deckung der residualen Last eingesetzt werden können. Viele Ergebnisse sind daher, zumindest in absoluten Zahlen, obsolet geworden.

Weiterhin wird deutlich, dass der Speicherbedarf stark vom Grad der überregionalen Vernetzung abhängt. In rein nationalen Szenarien ist der Speicherbedarf am höchsten, während in Best-Case-Szenarien der überregionalen Versorgung zusätzlich zum bestehenden Speicherbedarf keine weiteren Speicher erforderlich sind. Dies setzt jedoch voraus, dass sowohl die großen alpinen als auch die skandinavischen Speicher uneingeschränkt zur Deckung des deutschen Bedarfs genutzt werden können. Etwaiger lokaler Speicherbedarf wird dabei nicht berücksichtigt, ebenso wenig wie die Tatsache, dass die skandinavischen Speicher nahezu ausschließlich Speicherkraftwerke sind und kaum Pumpleistung verfügbar ist. Für eine tatsächliche Einbindung müssten diese Anlagen mit Pumpen ausgerüstet und das Übertragungsnetz lokal erweitert werden. Zudem planen andere europäische Länder ebenfalls die Einbindung volatiler erneuerbarer Energien und werden um die Nutzung der Energiespeicherkapazitäten konkurrieren. Im Gegensatz zu den Studien der 2010er Jahre spielt die Elektrifizierung der Sektoren Wärme und Verkehr in diesen Arbeiten eine weniger ausgeprägte Rolle. Power-to-X wird in erster Linie als Langzeitspeicher betrachtet, mit Fokus auf Methan. Das sektorenübergreifende Element sowie die zentrale Bedeutung von Wasserstoff für das Energiesystem der Zukunft werden erst mit der im Jahr 2020 veröffentlichten Wasserstoffstrategie deutlich. In den Studien, die vor der Bundestagswahl 2021 erschienen, werden sowohl der Kohleausstieg als auch die verschärften und vorgezogenen Klimaziele berücksichtigt. Wasserstoff wird dabei in sämtlichen Szenarien als zentrales Element neben Strom zu einer tragenden Säule des zukünftigen Energiesystems. Dort, wo Strom nicht direkt genutzt werden kann, wird Wasserstoff eingesetzt – insbesondere in der chemischen und stahlerzeugenden Industrie sowie in schwer elektrifizierbaren Verkehrssektoren wie dem Flug- und Schiffsverkehr.

Dies führt zu einem signifikanten Anstieg des jährlichen Strombedarfs, der in den Studien in Größenordnungen um etwa 1000 TWh, vereinzelt bis zu 1500 TWh, angegeben wird. Da die Stromerzeugung zu diesem Zeitpunkt überwiegend aus volatilen Technologien erfolgt und die installierte Leistung mit etwa 600 GW das Dreifache der heutigen Kapazität beträgt, kommt der Flexibilisierung von Erzeugung und Verbrauch eine besonders wichtige Rolle zu (s. Abb. 3.4).

Alle Studien gehen von einer Abnahme des Endenergieverbrauchs von vormals rund 2500 TWh auf etwa 1500 TWh aus, wodurch Strom das Fundament der zukünftigen Energieversorgung bildet und eine noch zentralere Rolle im Energiesystem übernimmt (s. Abb. 3.5).

Aus den ausgewerteten Studien zeichnen sich die Technologien Pumpspeicher, Batterien und Elektrolyseur als tragende Säulen der Energiespeicherung der Zukunft ab. Aus diesem Grund werden diese drei Technologien in der vorliegenden Arbeit vertieft betrachtet. Ein eindeutiger quantitativer Bedarf an installierter Speicherleistung und Speicherkapazität lässt sich nicht präzise ableiten, sicher ist jedoch, dass der Speicherbedarf aufgrund der genannten Entwicklungen signifikant steigen wird.

3.3 Energiespeichertechnologien

Es existieren viele Möglichkeiten, Energie zu speichern, doch nur wenige Technologien haben eine relevante Bedeutung für das Energiesystem der Zukunft. Es zeichnet sich ab, dass das künftige Energiespeicherportfolio vor allem aus Pumpspeichern, Batterien und Wasserstoffspeichern bestehen wird. Im Folgenden werden die Grundlagen jeder dieser Technologien erläutert und ihre praktische Anwendung beschrieben.

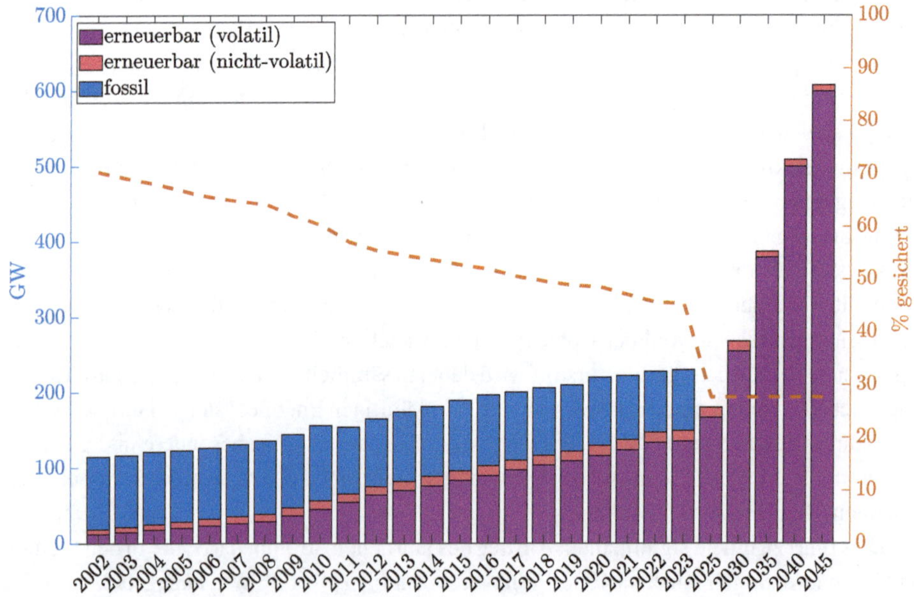

Abb. 3.4 Entwicklung der installierten Leistung, der Anteil von fossiler und erneuerbarer Leistung gegenüber der Trajektorie der ungewichteten gesicherten Leistung (gestrichelt). (Nach [6, S. 25, 69])

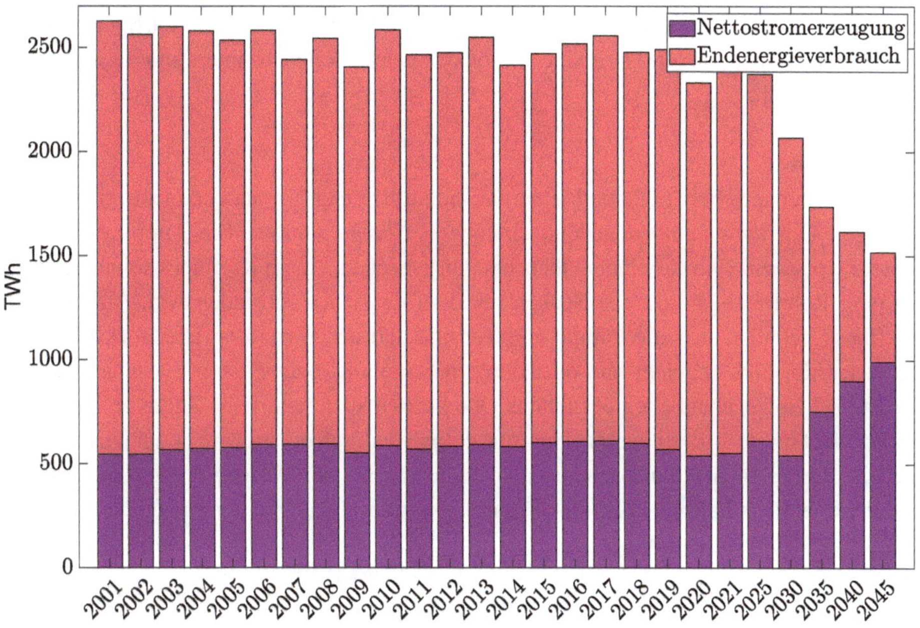

Abb. 3.5 Tatsächliche und voraussichtliche Entwicklung des Strom- und Endenergiebedarfs bis 2045. (Nach [2, S. 2, 3, S. 20, 6, S. 24–29])

3.3.1 Mechanische Energiespeicher

Mechanische Energiespeicher basieren auf der klassischen Newtonschen Mechanik und speichern Energie in Form von kinetischer oder potentieller Energie oder in kompressiblen Medien. Das Prinzip der Energiespeicherung in kompressiblen Gasen wird in Druckluftspeicherkraftwerken genutzt. Diese Technologie wurde bereits in den 1940er Jahren erforscht und 1978 erstmals im Druckluftspeicherkraftwerk Huntorf in Niedersachsen realisiert. Weitere Anlagen entstanden 1991 in den USA und 2016 als adiabater Druckluftspeicher im Gotthard-Basistunnel. Durch die Rekuperation der bei der Kompression entstehenden Wärme konnte der Wirkungsgrad gegenüber der diabaten Druckluftspeicherung erhöht werden. Ein zweites Projekt in Deutschland wurde 2015 aufgrund mangelnder Marktperspektiven eingestellt. Aufgrund der geringen Relevanz – sowohl weltweit als auch in Deutschland – wird diese Technologie in der vorliegenden Arbeit nicht weiter betrachtet.

Schwungradspeicher speichern kinetische Energie in Rotoren. Die gespeicherte Energie ist proportional zum Massenträgheitsmoment des Rotors und dem Quadrat seiner Winkelgeschwindigkeit. Erste moderne Schwungräder wurden 1950 in der Schweiz entwickelt und in Nahverkehrsbussen zur Rekuperation von Bremsenergie eingesetzt. Da Schwungradspeicher in aktuellen energiewirtschaftlichen Betrachtungen kaum eine Rolle spielen, werden sie ebenfalls nicht weiter ausgeführt [115]. Pumpspeicher hingegen nutzen potentielle Energie zur Speicherung. Mit einem Anteil von über 96 % an der weltweit installierten Speicherkapazität für elektrische Energie [108] sind sie von besonderer Relevanz und werden nachfolgend näher vorgestellt.

Grundlagen

Pumpspeicher speichern potentielle Energie, indem sie unter Einsatz von Elektrizität Wasser gegen die Gravitation auf ein geodätisch höheres Niveau pumpen. Ein Pumpspeicherwerk besteht typischerweise aus einem Ober- und Unterbecken, einem Krafthaus sowie den Stollen oder Rohrleitungen, die die Becken mit dem Krafthaus verbinden (vgl. Abb. 3.6). Im Krafthaus befinden sich die Pumpe, die Turbine und der Generator. Die Becken können entweder künstlich angelegt sein oder durch die Stauung eines Flusses entstehen. Je nach geografischen Gegebenheiten besitzt das Oberbecken auch natürliche Zuflüsse. Das Oberbecken liegt oberhalb des Unterbeckens und enthält dadurch die größere potentielle Energie. Sie berechnet sich aus dem Speicherinhalt V, der Dichte des Wassers æ, der Gravitation g und der effektiven Fallhöhe Δh, sowie dem Gesamtwirkungsgrad der Anlage:

$$E = V \cdot \rho \cdot g \cdot \Delta h \cdot \eta_{Ges} \qquad (3.1)$$

Die speicherbare Energie hängt somit im Wesentlichen von der Menge des gepumpten Wassers bzw. der Größe der Becken sowie der Höhendifferenz zwischen Ober- und Unterbecken ab. Die Wahl der Standorte für Pumpspeicher richtet sich vor allem nach den Speichermöglichkeiten bei großen Höhenunterschieden unter Ausnutzung natürlicher Vorfluter[5], insbesondere natürlicher und künstlicher Stauseen, sowie nach der kürzestmöglichen Länge des Triebwasserwegs, d. h. der Entfernung zwischen Ober- und Unterbecken [73]. Aufgrund geografischer Gegebenheiten befinden sich die größten Anlagen in Deutschland in den Mittelgebirgen Sachsens, Thüringens und des südlichen Schwarzwalds. Um den Triebwasserweg möglichst kurz zu halten, wird das Krafthaus bei neueren Anlagen häufig in Kavernenbauweise direkt unterhalb des Oberbeckens platziert.

Stand der Technik

Pumpspeicher sind die älteste großtechnische Speichertechnologie und dementsprechend ausgereift. Neben Ober- und Unterbecken, die die Speicherkapazität bestimmen, gehören die wesentlichen maschinentechnischen Baugruppen Pumpe, Turbine und Generator/Motor. Grundsätzlich wird zwischen ternären Maschinensätzen und Pumpturbinen unterschieden. Ternäre Maschinensätze können vertikal oder horizontal angeordnet sein und trennen Pumpe und Turbine voneinander. Zusätzlich kommen hydraulische Wandler und Kupplungen zum Einsatz. Durch die Trennung von Pumpe und Turbine lassen sich die Anlagenteile auf ihre jeweilige Betriebsart optimieren. Die Wandler bzw. Kupplungen erhöhen die Flexibilität,

[5] „Vorflut ist die Möglichkeit des Wassers, mit natürlichem Gefälle oder durch künstliche Hebung abzufließen (natürliche und künstliche Vorflut). Als Vorfluter werden die der Vorflut dienenden Gewässer bezeichnet.“ DIN 4049.

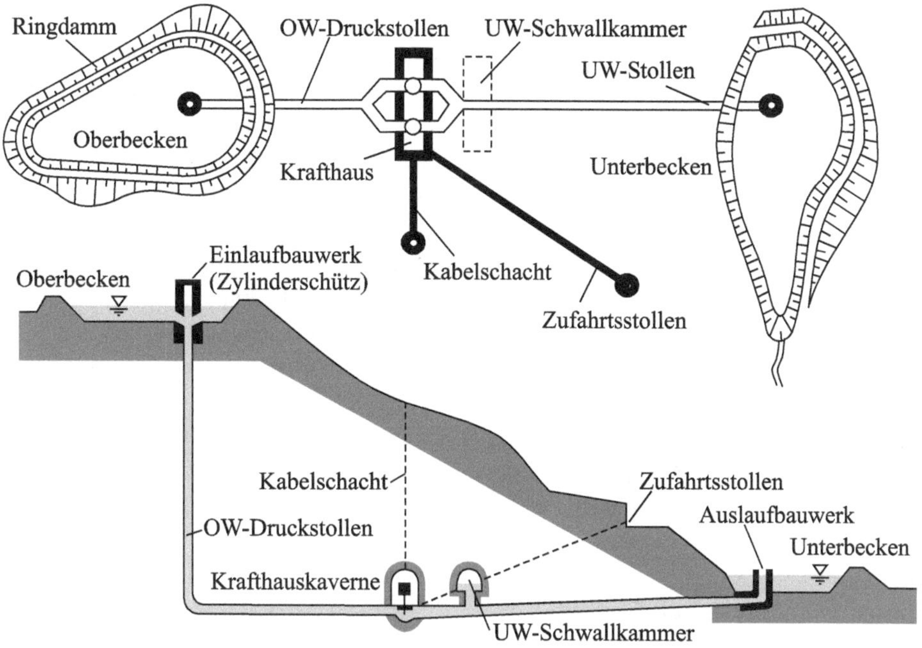

Abb. 3.6 Hauptelemente eines Pumpspeichers. (Nach [73])

indem sie den inaktiven Anlagenteil abkoppeln, sodass weniger Masse beim Wechsel der Betriebsart in Bewegung gesetzt werden muss. Dies reduziert die Massenträgheit, beschleunigt den Anfahrvorgang und ermöglicht einen schnelleren Wechsel zwischen Pump- und Turbinenbetrieb. Aufgrund der Trennung kann die Turbine sowohl als Pelton- als auch Francis-Turbine ausgeführt werden; Pelton-Turbinen werden üblicherweise bei besonders großen Fallhöhen eingesetzt.

Pumpturbinen sind reversible Strömungsmaschinen, die direkt mit dem Motorgenerator gekoppelt sind. Sie vereinen Pumpe und Turbine in einem Anlagenteil, was Bauteile und Kosten spart, jedoch die Flexibilität der Anlage einschränkt. Moderne Pumpspeicher erreichen einen Gesamtwirkungsgrad von rund 80 Der ursprüngliche Einsatzzweck von Pumpspeichern war die Energieveredelung thermischer Kraftwerke: Strom aus preiswertem Nacht- oder Überschussstrom wurde gepumpt und während der Spitzenlastzeiten turbiniert. Die Becken waren so ausgelegt, dass sie in einem drei- bis fünfstündigen Volllastbetrieb die Spitzenlast abdecken konnten. Pumpspeicher dienten somit nicht nur der Speicherung, sondern auch der Optimierung des thermischen Kraftwerksbetriebs. Aufgrund ihrer Flexibilität eignen sie sich zudem zur Bereitstellung von Regelleistung, insbesondere Sekundärregelleistung.

Mit der Energiewende hat sich der Betrieb von Pumpspeichern grundlegend geändert. Durch die volatilen erneuerbaren Energien hat sich die Anzahl der Betriebsartenwechsel erhöht, während die Einsatzdauer abnahm. Dies führt zu höheren Belastungen der Anlagenteile. Gleichzeitig rücken die dem Pumpspeicherbetrieb inhärenten Systemdienstleistungen wie Blindleistungsbereitstellung und Schwarzstartfähigkeit aufgrund wachsender Anforderungen an die Versorgungssicherheit wieder stärker in den Fokus. Pumpspeicher sind besonders geeignet für die Frequenzhaltung (Bereitstellung von Regelleistung) und die Spannungshaltung (variable Phasenwinkel bzw. Phasenschieberbetrieb[6]). In jeder Regelzone sind Pumpspeicher für den Schwarzstart des Übertragungsnetzes vorgesehen. Während die Regelbarkeit der Pumpe in den Anfangsjahren keine Rolle spielte, gewinnt diese Charakteristik im aktuellen Energiesystem zunehmend an Bedeutung. Mittels hydraulischem Kurzschluss[7] lässt sich die Leistungsabgabe bereits in den meisten Anlagen steuern. Der Verschleiß der Anlagenteile steigt dabei, wodurch der Wirkungsgrad leicht sinkt. Neuere Anlagen ermöglichen die Regelbarkeit der Leistungsaufnahme durch den Einsatz asynchroner Generatoren. Obwohl die jüngsten Pumpspeicher mittlerweile etwa 20 Jahre alt sind und ursprünglich nicht für die aktuellen Anforderungen des Energiesystems ausgelegt wurden, können sie sich dennoch anpassen. Gleichzeitig besteht ein erhebliches Optimierungspotential bei den Bestandsanlagen [73].

Installierte Leistung bzw. Kapazität

In Deutschland sind derzeit 27 Pumpspeicheranlagen mit einer Gesamtleistung von rund 6,2 GW und einer Speicherkapazität von etwa 39 GWh in Betrieb[8]. Die Anlagen decken eine große Bandbreite: Die installierte Leistung reicht von wenigen Megawatt bis über 1 GW, die Fallhöhen variieren zwischen 49 m und 625 m, und die Speicherkapazitäten liegen zwischen 0,18 GWh und 8,5 GWh. Der Volllastbetrieb erstreckt sich je nach Anlage über 3,5 bis 15 h[9]. Zusätzlich zu den in Deutschland installierten Pumpspeichern stehen weitere 2,4 GW an Pumpspeicherleistung in Luxemburg und Österreich für die Versorgung des deutschen Stromnetzes zur Verfügung [108].

3.3.2 Elektrochemische Energiespeicher

Redox-Reaktionen sind chemische Prozesse, bei denen elektrische Ladungen übertragen werden und sich die Oxidationszustände der beteiligten Elemente ändern. Elektrochemi-

[6] Ein Phasenschieber ist eine Synchronmaschine, die im Leerlauf betrieben wird und Blindleistung bereitstellt.

[7] Hierbei wird gleichzeitig zum Pumpbetrieb unter Volllast eine Turbine in Teillast gefahren, sodass die Leistungsaufnahme geregelt werden kann.

[8] Der maximale Speicherinhalt wird vom jeweils kleineren Becken bestimmt. Es wird angenommen, dass dessen Inhalteinmal vollständig in das Oberbecken gepumpt und wieder turbiniert wird [73, S. 729]. Der Schluchseeals Deutschlands größter Energiespeicher allein besitzt einen theoretischen Speicherinhalt von 133GWh. In der Logik von Giesecke et al. geht nur das Schwarzabecken als Unterbecken des Pumpspeichers mit 0,5 G Wh Speicherkapazität in die Statistikein.

[9] Theoretisch könnte der Schluchsee über zwei Wochen entladen werden.

sche Energiespeicher nutzen diesen Effekt in Batterien. Dabei wird zwischen primären und sekundären Batterien unterschieden: Primäre Batterien sind nicht wiederaufladbar, während sekundäre Batterien – auch Akkumulatoren oder Akkus genannt – wiederaufladbar sind.

Im nachfolgenden Kapitel wird die Technologie elektrochemischer Energiespeicher näher erläutert. Aufgrund ihrer Bedeutung für das Energiesystem liegt der Fokus auf großtechnischen Lithium-Ionen-Sekundärbatterien, die im Folgenden als Batteriespeicher bezeichnet werden.

Grundlagen

Die Energiespeicherung in Batterien erfolgt durch die Aufnahme und Abgabe von Ladungsträgern über Redox-Reaktionen. Der Fluss elektrischer Ladungsträger Q über die Zeit t erzeugt einen elektrischen Strom i(t), der zeitabhängig ist:

$$i(t) = \frac{dQ}{dt} \tag{3.2}$$

Ein Elektron bzw. Proton besitzt die Elementarladung e[10]:

$$e = 1{,}60 \cdot 10^{-19}\mathrm{C} \tag{3.3}$$

Aus der Elementarladung e und der Avogadro-Konstante N_{A} ergibt sich die Faraday-Konstante F[11]:

$$F = e \cdot N_{\mathrm{A}} = 9{,}65 \cdot 10^4 \cdot \frac{\mathrm{C}}{\mathrm{mol}} \tag{3.4}$$

Die Konstante beschreibt die elektrische Ladung eines Mols geladener Ionen, je nach Menge freigesetzter Elektronen kann die Ladungsmenge wie folgt formuliert werden:

$$Q = n_{e^-} \cdot \mathrm{F} = \int i(t)dt \tag{3.5}$$

Die Menge n_{e^-} der freigesetzten Elektronen resultiert dabei aus der Stöchiometrie der jeweiligen Reaktionsgleichungen [115].

Der Energieinhalt E einer Batterie ist abhängig von der Spannung U, die innerhalb der Zelle zwischen den Ladungsträgern Q herrscht und kann in allgemeiner Form wie folgt angegeben werden:

$$E = Q \cdot U \tag{3.6}$$

Aufgrund ihrer hohen Energiedichte bei gleichzeitig hoher Zellspannung haben sich Lithium-Ionen-Batterien im technischen Einsatz weitgehend durchgesetzt. Prinzipiell funktionieren Lithium-Ionen-Batterien ähnlich wie galvanische Zellen, unterscheiden sich jedoch darin,

---

[10] Die Elektrizitätsmenge wird in der Einheit Coulomb (C) gemessen.

[11] Die Faraday-Konstante wird in Coulomb pro mol angegeben. Mol ist die Einheit der Stoffmenge

dass bei ihnen keine chemische Reaktion der aktiven Materialien im klassischen Sinne abläuft. Stattdessen werden während des Lade- und Entladevorgangs Lithiumionen zwischen den Elektroden hin- und hertransportiert und in die jeweiligen Wirtsmaterialien eingelagert, ein Prozess, der als Interkalation bezeichnet wird [47].

Die Energiespeicherung in Lithium-Ionen-Zellen beruht auf der reversiblen Ein- und Auslagerung von Lithiumionen in den Aktivmaterialien über elektrochemische Redoxreaktionen. Dabei wird die Kristallstruktur des Wirtsmaterials nur geringfügig verändert. Die Einlagerung kann sowohl an der positiven als auch an der negativen Elektrode erfolgen. Entsprechend wird das Aktivmaterial während des Ladeprozesses reduziert oder oxidiert.

Der grundlegende Aufbau einer Lithium-Ionen-Batterie ist schematisch in Abb. 3.7 dargestellt. Die Elektroden sind über einen ionenleitenden Elektrolyten miteinander verbunden. Ein Separator wirkt als elektrischer Isolator und verhindert Kurzschlüsse. Über den äußeren Stromkreis werden die Elektroden elektrisch miteinander verbunden, sodass Strom fließen kann. In allgemeiner Form können die in einer Lithiumionen-Zelle stattfindenden Reaktionen mit den folgenden Gleichungen beschrieben werden[12]: Positive Elektrode:

$$\mathrm{Li^{I}}x\ \mathrm{Me^{III}}\ \mathrm{O_2} \longleftrightarrow x\ \mathrm{Li^+} + x\mathrm{e^-} + \mathrm{Me^{IV}}\ \mathrm{O_2} \tag{3.7}$$

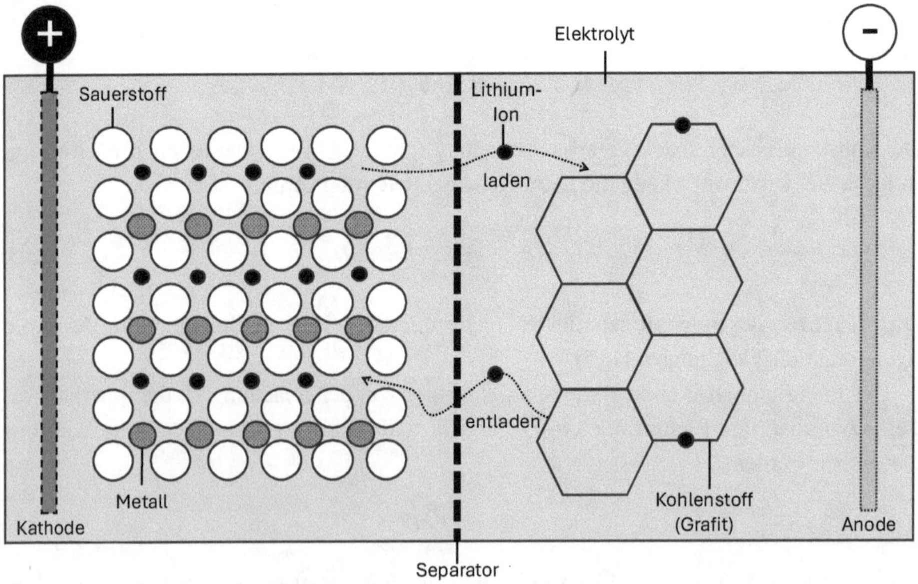

Abb. 3.7 Schematischer Aufbau einer Lithium-Ionen-Batteriezielle

[12] Me beschreibt den Platzhalter für die mit Lithium verbundenen Übergangsmetalloxide. Im Fall einer Lithiumionenbatterie z. B. Kobalt (Co), Mangan (Mn) oder Nickel (Ni). C_6 steht für Graphit.

Negative Elektrode:

$$x\,\mathrm{Li}^{+} + xe^{-} + \mathrm{C}_6 \longleftrightarrow \mathrm{Li}^{I}x\mathrm{C}_6^{-\mathrm{I}} \tag{3.8}$$

Beim Ladevorgang wird das Aktivmaterial der positiven Elektrode oxidiert, wodurch sich die Oxidationszahl des Übergangsmetallatoms um eins erhöht und ein Elektron in den äußeren Stromkreis abgegeben wird. Gleichzeitig werden Lithiumionen aus dem Wirtsgitter ausgelagert, treten in den Elektrolyten über und wandern zur negativen Elektrode. An der negativen Elektrode erfolgt die Reduktion, bei der die Lithiumionen aus dem Elektrolyten in das Aktivmaterial – typischerweise Graphit – eingelagert werden. Um die Ladungsneutralität zu wahren, werden der negativen Elektrode die Elektronen über den äußeren Stromkreis zugeführt. Pro eingelagertem Lithiumion wird dabei ein Elektron in das Graphitgitter aufgenommen [115].

Stand der Technik

Das konventionelle positive Elektrodenmaterial in Lithium-Ionen-Batterien ist Lithium-Kobaltoxid ($\mathrm{LiCoO_2}$). Es besitzt eine Schichtstruktur, in der sich Lagen aus Kobalt-, Sauerstoff- und Lithiumionen abwechseln (vgl. Abb. 3.7). Für die negative Elektrode wird meist grafitischer Kohlenstoff verwendet, dessen Kohlenstoffatome in parallelen Schichten angeordnet sind. Als Stromableiter dient für die positive Elektrode Aluminiumfolie, für die negative Elektrode Kupferfolie. Der Zwischenraum der Elektroden wird mit einem Elektrolyten aufgefüllt, der aus einer Lithiumsalzlösung in einem Gemisch organischer Lösungsmittel besteht. Ein mikroporöser Separator verhindert Kurzschlüsse zwischen den Elektroden. Da Kobaltoxid teuer ist, Kobalt eine knappe Ressource darstellt, häufig in konfliktbehafteten Regionen abgebaut wird und toxisch ist, werden Alternativen gesucht. Kommerzielle Optionen sind:

- Lithium-Manganoxid (LMO): sicherer und günstiger als Kobaltoxid, jedoch mit begrenzter Lebensdauer.
- Nickel-Mangan-Kobaltoxid (NMC): günstiger und sicherer als Kobaltoxid, zeigt jedoch abfallende Entladespannung.
- Nickel-Kobalt-Aluminiumoxid (NCA): günstiger und leichter, aber kaum sicherer.
- Eisenphosphat (LFP): sehr sicher, geringfügig günstiger, jedoch mit geringerer Spannung als Kobaltoxid.

Für großtechnische Anwendungen erscheinen NMC und LFP am vielversprechendsten. Grafit bleibt aufgrund seiner günstigen Eigenschaften und Leichtigkeit das Standardmaterial für negative Elektroden [88]. Im Jahr 2013 waren über 60 % der installierten Hausbatteriesysteme primär Blei-Säure-Batterien. Seit 2017 werden nahezu ausschließlich Lithium-Ionen-Systeme installiert. Ende 2019 machten diese 93 % der 185.000 installierten Hausbatterien aus, oft in Kombination mit Photovoltaikmodulen. Beweggründe für private Batterien sind vor allem Eigenverbrauchsoptimierung und die Unterstützung der

Energiewende. Die Systeme werden zunehmend mit Wärmepumpen und Elektrofahrzeugen gekoppelt. Von den 68 installierten Großbatterien in Deutschland sind 80 % Lithium-Ionen-Systeme; der Rest besteht aus hybriden Systemen, Natriumschwefel-, Blei-Säure- und Redox-Flow-Batterien, wobei letztere überwiegend Forschungsprojekte darstellen. Aufgrund des Kapazitäts-Leistungs-Verhältnisses von etwa 1:1 und der schnellen Reaktionszeiten werden die meisten Großbatterien für die Teilnahme am Primärregelleistungsmarkt eingesetzt. Über die Jahre ist die Kapazität der Großbatterien sukzessive gestiegen; viele Systeme verfügen inzwischen über mehr als 20 MWh [63].

Installierte Leistung bzw. Kapazität
Im Jahr 2019 waren 750 MW und 1420 MWh an Hausbatterie-Systemen sowie 460 MW und 620 MWh an Großbatteriespeichern installiert. Ergänzt werden diese durch industrielle Batteriespeicher, die bei unklarer Datenlage ca. 27 MW und 57 MWh betragen [63].

3.3.3 Chemische Energiespeicher

Wasserstoff wurde vor über 250 Jahren entdeckt und erforscht, dementsprechend sind viele unterschiedliche Verfahren bekannt, um ihn herzustellen. Er kann zum einen aus Kohlenwasserstoffen fossiler Energieträger bzw. Biomasse oder aus Wasser gewonnen werden. Bei der Produktion von Wasserstoff aus Kohlenwasserstoffen ist die Dampfreformierung aktuell das mit Abstand am meisten verwendete Verfahren. 96 % des Wasserstoffs wurden im Jahr 2010 aus fossilen Energieträgern gewonnen [122, S. 4 ff.]. Bisher wurde Wasserstoff hauptsächlich für die Herstellung von Ammoniak verwendet, welcher ein wichtiger Grundstoff für die chemische Industrie darstellt und bspw. für die Herstellung von Düngemitteln von Bedeutung ist. Auch in der petrochemischen Industrie ist Wasserstoff von besonderer Bedeutung, da er sowohl für die Verarbeitung von Schwerölen in leichtere Ölsorten wie Benzin, Diesel und Kerosion als auch für die Abtrennung von Schwefel benötigt wird [122, S. 14 ff.].

Spätestens seit der Veröffentlichung der „Nationalen Wasserstoffstrategie" des Bundesministeriums für Wirtschaft und Energie im Juni 2020 ist die Bedeutung von Wasserstoff für die Energiewirtschaft gestiegen. Das Ministerium misst Wasserstoff als Alternative zu den bisher verwendeten fossilen Energieträgern eine große Bedeutung zu. Demnach kann Wasserstoff als Basis für synthetische Kraft- und Brennstoffe dienen und in Brennstoffzellen die wasserstoffbasierte Mobilität wiederbeleben. In Bereichen, in denen Strom nicht direkt eingesetzt werden kann, kann Wasserstoff zur Dekarbonisierung von Sektoren beitragen. Darüber hinaus ist Wasserstoff für das Ministerium auch als Energiespeicher wichtig [35].

Es ist absehbar, dass Wasserstoff zukünftig verstärkt aus der Elektrolyse von Wasser gewonnen wird und sukzessive die Dampfreformierung von fossilen Energieträgern ablösen wird. Grundsätzlich stehen hierfür drei Verfahren zur Verfügung:

- Alkalische Elektrolyse
- PEM-Elektrolyse
- Hochtemperaturelektrolyse

Wasserstoff wurde vor über 250 Jahren entdeckt und erforscht, sodass zahlreiche Verfahren zu seiner Herstellung bekannt sind. Er kann entweder aus Kohlenwasserstoffen fossiler Energieträger, aus Biomasse oder aus Wasser gewonnen werden. Bei der Produktion aus Kohlenwasserstoffen ist die Dampfreformierung derzeit das mit Abstand am häufigsten genutzte Verfahren. So wurden im Jahr 2010 etwa 96 % des Wasserstoffs aus fossilen Energieträgern gewonnen [122, S. 4 ff.]. Bisher wurde Wasserstoff vor allem für die Herstellung von Ammoniak eingesetzt, einem zentralen Grundstoff der chemischen Industrie, insbesondere für die Düngemittelproduktion. Auch in der petrochemischen Industrie spielt Wasserstoff eine wichtige Rolle, da er sowohl für die Verarbeitung von Schwerölen zu leichteren Produkten wie Benzin, Diesel oder Kerosin als auch für die Entfernung von Schwefel benötigt wird [122, S. 14 ff.]. Mit der Veröffentlichung der Nationalen Wasserstoffstrategie des Bundesministeriums für Wirtschaft und Energie im Juni 2020 hat die Bedeutung von Wasserstoff für die Energiewirtschaft deutlich zugenommen. Das Ministerium stuft Wasserstoff als Alternative zu fossilen Energieträgern ein und sieht vielfältige Anwendungsmöglichkeiten:

- Als Basis für synthetische Kraft- und Brennstoffe
- In Brennstoffzellen zur Förderung wasserstoffbasierter Mobilität
- Zur Dekarbonisierung von Sektoren, in denen Strom nicht direkt eingesetzt werden kann
- Als Energiespeicher für die Integration erneuerbarer Energien [35]

Es ist absehbar, dass Wasserstoff künftig verstärkt durch Elektrolyse von Wasser erzeugt wird und die Dampfreformierung fossiler Energieträger schrittweise ablösen wird. Grundsätzlich stehen hierfür drei Verfahren zur Verfügung:

Grundlagen

Um 1 Mol Wasser mittels Elektrolyse in die Bestandteile Wasserstoff und Sauerstoff zu zerlegen, benötigt man unter Standardbedingungen[13] eine Reaktionsenthalpie von $\Delta H_R = 285{,}9\,\frac{kJ}{mol}$. Dies entspricht der Bildungsenthalpie flüssigen Wassers[14]:

$$H_2O_{(l)} + \Delta H_R \longrightarrow H_{2(g)} + \frac{1}{2}O_{2(g)} \tag{3.9}$$

Ein Teil der Reaktionsenthalpie kann als thermische Energie aufgebracht werden: Maximal die Energiemenge, die dem Produkt der Temperatur T und der Reaktionsentropie S_R entspricht:

[13] 298,15 K und 1 bar.

[14] Die Indizes in runden Klammern stehen für gasförmig (g), flüssig (l) oder fest (s).

$$\Delta H_R = \Delta G_R + T\Delta S_R \tag{3.10}$$

Die freie Reaktionsenthalpie ΔG_R entspricht dem minimalen Anteil von ΔH_R, die als Elektrizität zur Verfügung gestellt werden muss: $\Delta G_R = 237{,}2\,\frac{kJ}{mol}$. Die minimale elektrische Zellspannung V_{rev} – unter der Voraussetzung, dass $T\Delta S_R$ in Form von Wärme dem Elektrolyseprozess zugeführt wird – bei der die elektrolytische Wasserzersetzung unter Standardbedingungen beginnt, berechnet sich aus der freien Reaktionsenthalpie ΔG_R, der Anzahl der Elektronen n und der Faraday-Konstante für ein Mol hergestellten Wasserstoff F gemäß:

$$V_{rev} = \frac{\Delta G_R}{nF} = \frac{237{,}2\,\frac{kJ}{mol}}{2 \cdot 96.485\,\frac{C}{mol}} = 1{,}23\,V \tag{3.11}$$

In technischen Elektrolyseuren wird die thermische Energie in Form von elektrischer Energie eingebracht, so dass von thermo-neutraler Spannung V_{th} gesprochen wird, die sich für flüssiges Wasser gemäß

$$V_{th} = \frac{\Delta H_R}{nF} = \frac{285{,}9\,\frac{kJ}{mol}}{2 \cdot 96.485\,\frac{C}{mol}} = 1{,}48\,V \tag{3.12}$$

berechnen lässt. Die Reaktionsenthalpie ist temperaturabhängig, bei Temperaturen oberhalb von 700 °C sinkt die aufzuwendende Zellspannung deutlich, jedoch entsprechend durch Prozesswärme ergänzt werden muss [122].

Der untere Heizwert Δh_u eines Normkubikmeters Wasserstoff beträgt 3 kWh bzw. $33{,}33\,\frac{kWh}{kg}$ bei einer Dichte æ von $0{,}0899\,\frac{kg}{Nm^3}$, so dass sich der Energieinhalt E_{H_2} von Wasserstoff wie folgt beschreiben lässt:

$$E_{H_2} = Q = m \cdot \Delta h_u = \frac{V}{\rho} \cdot \Delta h_u \tag{3.13}$$

Es sei angemerkt, dass die Speicherkapazität eines Elektrolyseurs davon abhängt, ob ihm ein Speicher, wie z. B. ein Gasbehälter oder eine Kaverne zugeordnet ist. Der erzeugte Wasserstoff kann entweder direkt stofflich genutzt oder über Gasleitungen zum Einsatzort transportiert und dort verwendet werden. Im Gegensatz zu Batterien und Pumpspeichern lässt sich Wasserstoff besonders variabel einsetzen und speichern, sodass der Gesamtwirkungsgrad stark von der Speichertechnologie und dem definierten Einsatzzweck abhängt. Beispiele für Wirkungsgrade verschiedener Nutzungen sind:

- Wasserstoffbasierte Verbrennungsmotoren: ca. 35 %
- Gasturbinen: ca. 50 %
- Brennstoffzellen: ca. 80 %

Durch Rekuperation und Nutzung der Abwärme kann der Wirkungsgrad zusätzlich erhöht werden.

Stand der Technik
Die derzeit gängigsten Verfahren zur Wasserstoffproduktion durch Elektrolyse sind:

- Alkalische Elektrolyse (AEL)
- Polymerelektrolytmembranelektrolyse (PEMEL)
- Festoxid-Elektrolyse (SOEL)

Während der Elektrolyse zirkuliert in den durch eine ionenleitende Membran getrennten Halbzellen Wasser, dessen Leitfähigkeit durch Zugabe von Kaliumhydroxid erhöht wird. Wird an die in Membrannähe befindlichen Elektroden eine Spannung angelegt, spaltet sich das kathodenseitige Wasser in atomaren Wasserstoff und Hydroxid-Ionen auf. Die entstehenden Protonen reagieren zu Wasserstoffmolekülen, steigen auf und werden abgeschieden. Die Hydroxid-Ionen diffundieren durch die Membran, reagieren an der Anode unter Elektronenabgabe zu Wasser und atomarem Sauerstoff. Die Sauerstoffmoleküle werden vom Elektrolyten abgeschieden und abgeführt, während das verbrauchte Wasser über einen Stutzen nachgefüllt wird. Bei geringer Last sorgt das Aufsteigen der Gasblasen für die Zirkulation des Elektrolyten. Bei höherer Last ist eine externe Umwälzung erforderlich.

Die alkalische Elektrolyse (AEL) (siehe Abb. 3.8) ist seit vielen Jahren großtechnisch erprobt und kommerziell verfügbar. Aufgrund ihres kontinuierlichen Leistungsbedarfs werden AEL-Anlagen häufig in der Nähe großer Kraftwerke betrieben. Das weltweit größte drucklose Elektrolysekraftwerk befindet sich in der Nähe des ägyptischen Assuan-Staudamms. Es verfügt über eine Nennleistung von 156 MW und eine Wasserstoffproduktionsrate von 33.000 $\frac{\text{m}^3}{\text{h}}$. Bezüglich des dynamischen Betriebs und der Effizienz besteht jedoch weiterhin Optimierungsbedarf.

Die Membran- bzw. Proton Exchange Membrane (PEM)-Elektrolyse (siehe Abb. 3.9) hat ihren Ursprung in der Brennstoffzellentechnik. Sie basiert im Wesentlichen auf dem inversen Vorgang einer Brennstoffzelle und eignet sich besser als die alkalische Elektrolyse für dynamischen Betrieb, auch unter Druck. Bisher wurde sie vor allem in kleinen Anlagen erprobt. Die Elektrolysezelle besteht aus einer protonenleitenden Membran, die beidseitig fest mit den Elektroden verbunden ist, sodass die sogenannte Membrane Electrode Assembly (MEA) entsteht. Bipolare Platten leiten über eingravierte Kanäle das Wasser zur Anode und ermöglichen den Abtransport der Produktgase. An der Anode wird das Wasser in atomaren Sauerstoff und Protonen aufgespalten. Der Sauerstoff verbindet sich zu O_2-Molekülen und wird abgeführt. Die Protonen diffundieren durch die Membran zur Kathode, wo sie mit Elektronen zu Wasserstoff reagieren. Nur die anodenseitige Halbzelle ist direkt vom Wasser umspült. In der kathodenseitigen Halbzelle bildet sich theoretisch reiner Wasserstoff; praktisch enthält er jedoch eine hohe Luftfeuchtigkeit. Im Vergleich zur alkalischen Elektrolyse weist der erzeugte Wasserstoff der PEM-Elektrolyse weniger Rückstände auf.

Im Unterschied zur alkalischen und PEM-Elektrolyse wird in der Hochtemperaturelektrolyse (HTE) bzw. Festoxid-Elektrolyse (SOEL) (siehe Abb. 3.10) Wasserdampf statt flüssigem Wasser gespalten. Die Verdampfungsenthalpie des Wassers muss vor der Elektro-

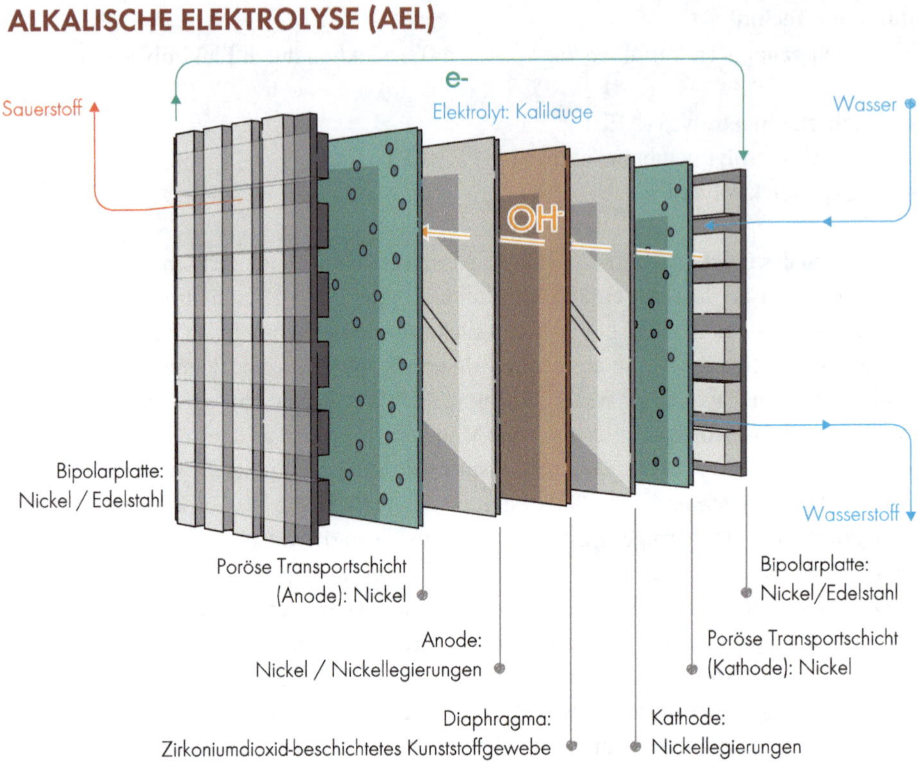

Abb. 3.8 Funktionsprinzip der alkalischen Elektrolyse. (Nach [49, S. 10])

lyse über Wärme, beispielsweise Abwärme aus Industrieprozessen, bereitgestellt werden. Dadurch kann der Strombedarf um etwa 16 % eduziert werden. Zusätzlich wird ein Teil der für die Trennung von Wasserstoff und Sauerstoff notwendigen Energie durch Hochtemperaturwärme bei 850–1000 °C bereitgestellt. Dies senkt die Zellspannung im Vergleich zu den anderen Elektrolyseverfahren um mehr als 0,5 V auf etwa 1 V und ermöglicht hohe strombezogene Wirkungsgrade. Ein weiteres Merkmal der HTE ist die Möglichkeit, O_2 zu CO zu reduzieren, wodurch innerhalb der Elektrolyse direkt Synthesegas für Power-to-Gas oder Power-to-Liquid erzeugt werden kann. HTE-Anlagen können reversibel betrieben werden, d. h., sie können sowohl als Elektrolyseur als auch als Brennstoffzelle fungieren. Die Technologie basiert auf der umgekehrten Reaktion der Festoxid-Brennstoffzelle (SOFC). Die Halbzellen sind durch einen O_2-Ionen leitenden, festen Elektrolyten – beispielsweise keramische Festkörper – getrennt. Kathodenseitig wird überhitzter Wasserdampf zugeführt, der unter Aufnahme von Elektronen zu Wasserstoff und O_2-Ionen reagiert. Der Wasserstoff wird entnommen, während die O_2-Ionen durch den Elektrolyten zur Anode diffundieren und dort unter Elektronenabgabe zu Sauerstoffmolekülen reagieren [115]. Es ist zu erwarten, dass sich die Elektrolyseur-Technologie in den kommenden Dekaden weiterentwickeln

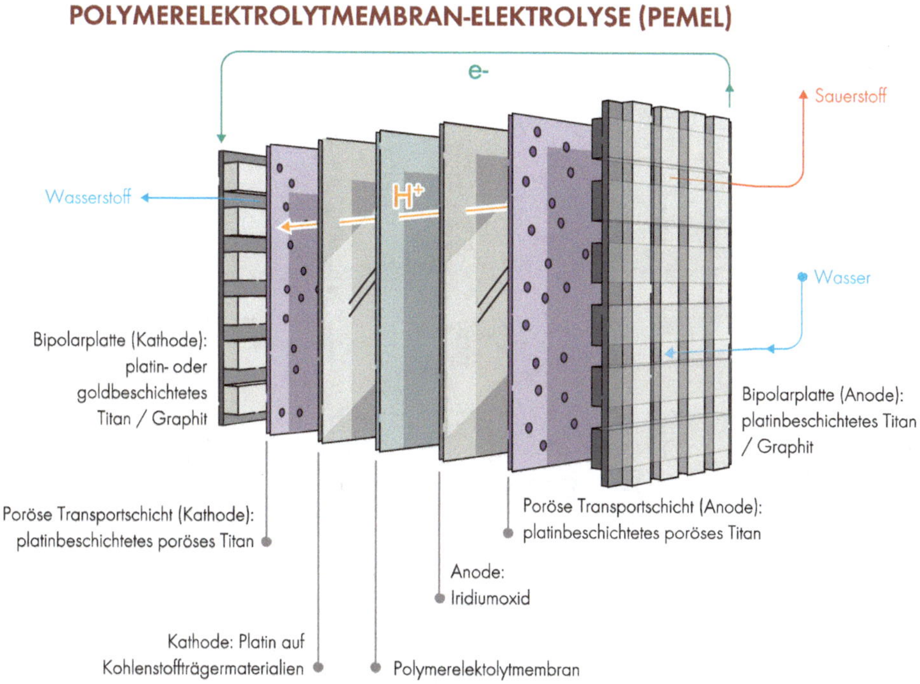

Abb. 3.9 Funktionsprinzip der Polymerelektrolytmembranelektrolyse. (Nach [49, S. 11])

wird. Der absolute Bedarf an Wasserstoff rechtfertigt weiterhin den Einsatz alkalischer Elektrolyseure, während der steigende Flexibilitätsbedarf die Forschung und den Einsatz von PEM-Elektrolyseuren vorantreibt. Hochtemperaturelektrolyse wird vermutlich vor allem in Industrienischenanwendungen eingesetzt, da der Bedarf an Hochtemperaturwärme hoch ist.

Installierte Leistung bzw. Kapazität

Stenzel et al. geben in ihrem Artikel „Energiespeicher" [108] eine Übersicht über realisierte „Power-to-X-to-Power"-Konzepte, wobei Wärme und Wasserstoff im Fokus stehen. Demnach bestehen weiterhin „wirtschaftliche und zum Teil technische Hürden" [108, S. 41], sodass sich die bisher realisierten und geplanten Projekte meist noch im Erprobungsstadium befinden oder als Reallabore umgesetzt wurden[15]. Die installierten Elektrolyseurleistungen liegen zwischen 100 kW und 1 MW. Bis auf wenige PEM-Elektrolyseure werden die Anlagen überwiegend als alkalische Elektrolyseure ausgeführt und sind in der Regel mit einem Druckbehälter zur Wasserstoffspeicherung gekoppelt. Zur Ausspeicherung kommen vor allem wasserstoffbasierte Gasmotoren oder Turbinen, häufig auch Blockheizkraftwerke zur gleichzeitigen Wärmeauskopplung z. B. in Wohnquartieren, zum Einsatz. In einzelnen

[15] Reallabore sind zeitlich, räumlich oder sachlich begrenzte Testräume, in denen innovative Technologien oder Geschäftsmodelle unter realen Bedingungen erprobt werden.

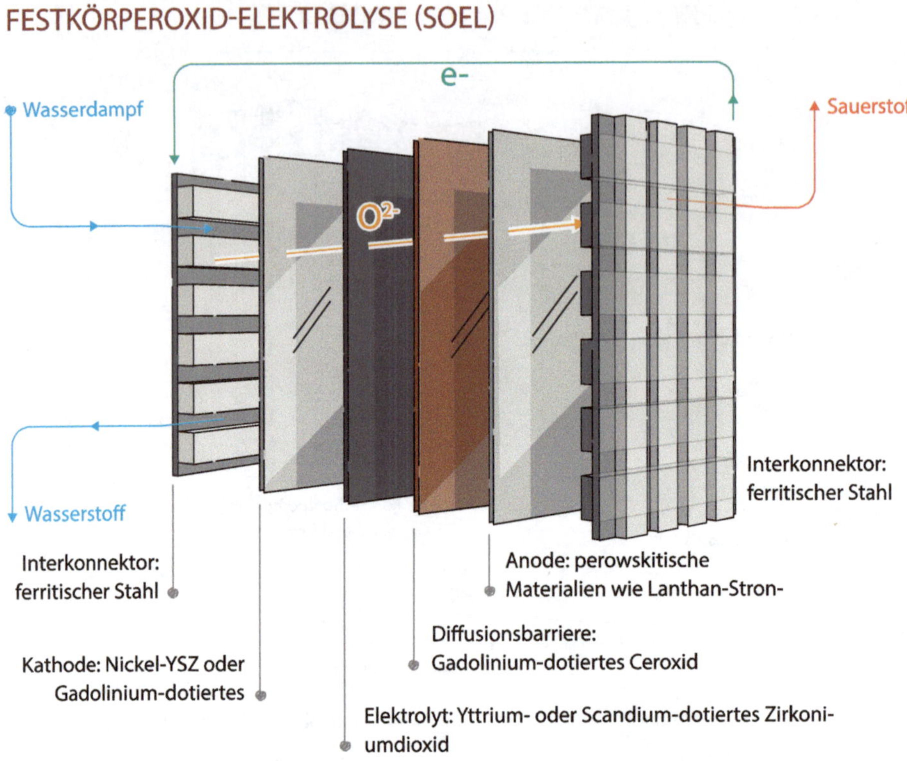

Abb. 3.10 Funktionsprinzip der Festkörperoxidelektrolyse. (Nach [49, S. 12])

Fällen ist zudem die Einspeisung in bestehende Gasnetze vorgesehen, oder der Wasserstoff wird für Industrieprozesse in Trailern bei 300 bar Druck weitertransportiert. Die bisher größte erwähnte Anlage ist ein 10 MW PEM-Elektrolyseur, der mit einem Speicher, einer Wasserstoff-Gasturbine und einer Brennstoffzelle gekoppelt ist. Geplant ist, die Anlage auf 100 MW zu skalieren [108].

3.4 Fazit

Seit dem Jahr 2000 bis heute wurde der Bedarf an Energiespeichern vor allem aus technischer Perspektive betrachtet. Die Einflussfaktoren auf den Speicherbedarf sind mittlerweile weitestgehend erforscht. Es ist absehbar, dass mit dem steigenden Strombedarf auch der Bedarf an Flexibilitätsoptionen bzw. Energiespeichern zunehmen wird. Die Technologien Pumpspeicher, Batterien und Elektrolyseure werden dabei aufgrund ihrer ausgereiften Technologie sowie ihrer praxis- und zukunftsrelevanten Bedeutung die tragenden Säulen der Energiespeicherung sein.

Bisher wurden die Rückwirkungen von Energiespeichern auf der Erzeugungsseite sowie die Auswirkungen des Speicherausbaus auf die gesellschaftliche Akzeptanz nicht ausreichend berücksichtigt. Je effizienter Strom erzeugt und gespeichert wird, desto weniger Erzeugungs- und Speicheranlagen werden benötigt und desto geringer fallen potenzielle Akzeptanzprobleme aus. Eine effiziente Speicherung und Nutzung von Strom reduziert außerdem die notwendige Überinstallation erneuerbarer Erzeugungstechnologien, was ebenfalls die Akzeptanz in der Bevölkerung erhöht. Darüber hinaus rückt die Nachhaltigkeit der Technologien zunehmend in den Fokus. Jede Speichertechnologie hinterlässt einen ökologischen Fußabdruck, der möglichst objektiv ermittelt werden sollte. Bei Batterien spielen neben der weltweiten Nachfrage nach Lithium, Kobalt und weiteren Rohstoffen insbesondere die Bedingungen der Rohstoffgewinnung eine Rolle. Viele Abbaugebiete liegen in Konfliktregionen oder beeinträchtigen schützenswerte Naturreservate. Bei der Wasserstoffherstellung ist der Wasserbedarf Gegenstand gesellschaftlicher Diskussionen. Da Deutschland voraussichtlich Wasserstoff importieren muss, stellt sich die Frage, unter welchen Bedingungen dieser im Ausland erzeugt wird. Der Nutzen der Technologie steht dabei oft in Konflikt mit den ökologischen Auswirkungen, beispielsweise bei der Meerwasserentsalzung. Auch Pumpspeicher wirken sich auf Umwelt und Akzeptanz aus, insbesondere durch Eingriffe in Flora, Fauna und Landschaft. Da diese Auswirkungen anders gelagert sind als bei Batterien oder Wasserstoff, stehen sie besonders im Fokus gesellschaftlicher Diskussionen. Für einen erfolgreichen Ausbau der Energiespeicher ist daher nicht nur ein effizienter Einsatz der Technologien entscheidend, sondern auch die transparente Kommunikation ihrer ökologischen Fußabdrücke. Den ökologischen Aspekten widmen sich die nachfolgenden Kapitel.

4 Lebenszyklusanalyse von Energiespeichern

Die deutsche Energiepolitik hat sich das Ziel gesetzt, einen klimaneutralen Entwicklungspfad einzuschlagen und die Sektoren Wärme, Verkehr und Stromerzeugung schrittweise zu defossilisieren. Einen ersten entscheidenden Impuls setzte das im Jahr 2000 verabschiedete Erneuerbare-Energien-Gesetz (EEG), das gezielt Anreize für den Ausbau treibhausgasneutraler Stromerzeugung aus erneuerbaren Energien schuf. Nach der Reaktorkatastrophe in Fukushima beschloss die Bundesregierung im Jahr 2011 den vollständigen Ausstieg aus der Kernenergie bis 2022. Im Jahr 2018 folgte die Entscheidung, spätestens bis 2038 auch die Verstromung von Kohle zu beenden. Damit verengt sich der Pfad zur Klimaneutralität auf eine Stromerzeugung, die im Wesentlichen auf volatilen erneuerbaren Energien basiert. Diese Entwicklung erhöht neben dem Ausbau an Wind- und Photovoltaik sowohl den Bedarf an Energiespeichern als auch einem erheblichen Ausbau der Stromnetze.

Die Transformation erfordert, große Teile der bestehenden Energieinfrastruktur zu erneuern und zu erweitern. Dies lenkt den Fokus verstärkt auf die Nachhaltigkeit der eingesetzten Technologien: Auch wenn Windkraft- und Photovoltaikanlagen sowie Batteriespeicher im Betrieb emissionsfrei arbeiten, benötigen sie in der Herstellung große Mengen an Rohstoffen. Diese müssen gefördert, verarbeitet und oftmals unter Nutzung fossiler Energieträger transportiert werden. Neben den Rohstoffen für Solarmodule, Windkraftanlagen und Speicher ist auch die Verfügbarkeit geeigneter Flächen von zentraler Bedeutung. Gleiches gilt für den Netzausbau, der ebenfalls Flächen beansprucht. Damit rücken neben ökonomischen auch ökologische und soziale Nachhaltigkeitsaspekte in den Vordergrund.

Darüber hinaus wirft die Herkunft der benötigten Rohstoffe zentrale Fragen auf. Ihre Gewinnung und Verarbeitung konzentrieren sich auf wenige Länder, wodurch geopolitische Abhängigkeiten entstehen. Diese Abhängigkeiten bringen neue Herausforderungen mit sich. Die Verfügbarkeit kritischer Materialien wird damit nicht nur zu einem ökologischen und ökonomischen, sondern auch zu einem geopolitischen Faktor. Im folgenden Kapitel werden

O. Akpinar, *Stromspeicher*, https://doi.org/10.1007/978-3-658-51235-4_4

daher nicht nur die ökologischen Auswirkungen von Energiespeichern analysiert, sondern auch die Kritikalität der erforderlichen Rohstoffe sowie die Abhängigkeiten von einzelnen Förder- und Verarbeitungsregionen systematisch untersucht.

4.1 Die Definition des Nachhaltigkeitsbegriffs

In der Literatur wird häufig die Sylvicultura Oeconomica von Hans Carl von Carlowitz (1713) als erste deutsche Quelle zum Begriff der „Nachhaltigkeit" genannt [86]. Carlowitz erkannte, dass der hohe Holzbedarf des Bergbaus die Bestände der Forstwirtschaft gefährdete, und formulierte daher den Grundsatz, nur so viel Holz einzuschlagen, wie nachwachsen kann. Seit den 1980er Jahren wird Nachhaltigkeit zunehmend mit globaler Entwicklungspolitik in Verbindung gebracht. Ziel war es, die ungleiche Ressourcennutzung zwischen dem globalen Süden und dem globalen Norden auszugleichen. Ein Meilenstein war die 1980 veröffentlichte World Conservation Strategy der International Union for Conservation of Nature and Natural Resources (IUCN), deren zentrales Anliegen die Förderung nachhaltiger Entwicklung (sustainable development) durch Ressourcenschonung war. Der Bericht verstand unter nachhaltiger Entwicklung die gezielte Modifikation der Biosphäre und den Einsatz menschlicher, finanzieller sowie biologischer (Pflanzen, Tiere, Mikroorganismen) und nicht-biologischer Ressourcen (Baumaterialien, Mineralien, fossile Energieträger, Raum für Infrastruktur), um menschliche Bedürfnisse zu decken und die Lebensqualität zu verbessern. Unter Konservierung wurde die verantwortungsvolle Nutzung dieser Ressourcen verstanden – mit dem Ziel, den größtmöglichen Nutzen für die gegenwärtige Generation zu sichern, ohne die Chancen künftiger Generationen zu gefährden. Nach dieser Definition ist nachhaltige Entwicklung erst dann gewährleistet, wenn ökologische, ökonomische und soziale Aspekte im Gleichgewicht stehen. Siehe auch Abb. 4.1 [79, S. 18].

Abb. 4.1 Bestandteile einer nachhaltigen Entwicklung. (Eigene Darstellung nach [79])

Im 1987 veröffentlichten Bericht Our Common Future der Vereinten Nationen wurde die bis heute am weitesten verbreitete Definition des Nachhaltigkeitsbegriffs geprägt:

> *Sustainable development is development that meets the needs of the present without compromising the ability of future generations to meet their own needs.*

In der Definition geht es vordergründig um nachhaltige Entwicklung (development), die oftmals mit ökonomischem Wachstum gleichgesetzt wird. Der Definition inhärent ist zugleich die Sorge um das Wohl der Umwelt, wofür der Begriff der Nachhaltigkeit (sustainability) angemessen erscheint [74].

Die bereits in der World Conservation Strategy von 1980 [79] erwähnten drei Säulen der Nachhaltigkeit wurden im Abschlussbericht der Enquete-Kommission „Schutz des Menschen und der Umwelt – Ziele und Rahmenbedingungen einer nachhaltig zukunftsverträglichen Entwicklung“ (1996) systematisch ausgeführt. Mit der Einrichtung von Enquete-Kommissionen hatte sich der Deutsche Bundestag 1969 „eine Möglichkeit geschaffen, Zukunftsfragen von übergeordneter Bedeutung abseits der Tagespolitik mit Hilfe externer Sachverständiger zu erörtern und politische Entscheidungen vorzubereiten“ [54, S. 8].

Dem Bericht zufolge ist das ökologische Ziel die „Erhaltung der Funktionsfähigkeit des natürlichen Realkapitals“ (S. 19). Anthropogene Eingriffe in die Umwelt sollen sich an der Belastungs- und Regenerationsfähigkeit der betroffenen Systeme orientieren; natürliche Ressourcen sind zu schonen und endliche Ressourcen bewusst einzusetzen. Das ökonomische Ziel zielt auf eine zukunftsverträgliche Entwicklung der Märkte und die Sicherung der Funktionsfähigkeit ökonomischer Systeme. Unternehmen sollen nicht allein Profite maximieren, sondern zugleich in Mitarbeiter und Anlagen investieren, um ihre Zukunftsfähigkeit zu gewährleisten. Unter sozialen Zielen versteht der Bericht die „soziale Stabilität und individuelle Freiheit“ (S. 20); das Verständnis des Sozialstaats wird durch Solidarität geprägt, die über „karitative Hilfe der Starken für die Schwachen“ hinausgeht. Damit sollen gleiche und gerechte Entwicklungschancen für alle Menschen gewährleistet werden.

Diese anthropozentrischen Nachhaltigkeitsdefinitionen erweitern Hauschild, Rosenbaum und Olsen (2018). Neben Wohlstand, generationenübergreifender Gerechtigkeit und intragenerationaler Gerechtigkeit – einschließlich der zwischen Industrie- und Entwicklungsländern – wird auch Gerechtigkeit zwischen den Arten eingefordert, unabhängig von deren Beitrag zum menschlichen Wohlstand. Erstmals wird damit Umweltschutz systematisch mit Nachhaltigkeit und generationenübergreifender Gerechtigkeit verknüpft. Die Autoren betrachten eine intakte Umwelt als Fundament der Gesellschaft: Ohne saubere Luft, sauberes Wasser, landwirtschaftliche Produktionsgrundlagen oder Schutz vor UV-Strahlung wäre die Lebensgrundlage der Menschheit nicht gesichert. Umweltschutz wird somit als Voraussetzung verstanden, zukünftigen Generationen ein ähnliches Maß an Wohlstand zu ermöglichen, wie es gegenwärtige und vergangene Generationen erfahren haben. Darüber hinaus greifen Hauschild et al. das Konzept der planetaren Grenzen auf [74].

Einen Meilenstein stellt schließlich der 2009 von Johan Rockström und 28 weiteren international renommierten Wissenschaftlern veröffentlichte Artikel Planetary Boundaries: Exploring the Safe Operating Space for Humanity dar. Darin wird ein neuer Zugang zur globalen Nachhaltigkeit vorgeschlagen: das Konzept der planetaren Grenzen, innerhalb derer die Menschheit sicher existieren kann. Die Autoren identifizieren neun solcher planetaren Grenzen: novel enteties; stratospheric ozone depletion; atmospheric aerosol loading; ocean acidification; biogeochemical flows; freshwater use; land-system change; biosphere integrity; climate change.

Die planetaren Grenzen stehen in komplexen Wechselwirkungen zueinander. Wird eine Grenze überschritten, können Kaskadeneffekte entstehen, die das Risiko erhöhen, dass auch andere Grenzen überschritten werden. Solche ökologischen Instabilitäten können erhebliche soziale Konsequenzen nach sich ziehen, deren Ausmaß wesentlich von der sozial-ökologischen Resilienz der betroffenen Gesellschaften bestimmt wird [106]. Der Umbau des zentralisierten, fossil-thermischen Energiesystems hin zu einer dezentralen, erneuerbaren und fluktuierenden Energieversorgung markiert eine tiefgreifende Zäsur. Er erfordert nicht nur einen erheblichen Ausbau an Erzeugungsanlagen, sondern auch den umfassenden Aus- und Umbau der Energieinfrastruktur. Damit steigt der Bedarf an Rohstoffen, die weltweit gefördert, verarbeitet und transportiert werden müssen. Die in den 1980er-Jahren aufgeworfene Frage nach globaler Gerechtigkeit zwischen Industrie- und Entwicklungsländern gewinnt dadurch erneut an Relevanz. Hinzu kommt der wachsende Flächenbedarf für die Errichtung dezentraler Anlagen und deren Anbindung an das Energiesystem. Neben den ökologischen Folgen stellt sich zugleich die Frage nach der Finanzierung der neuen Infrastruktur sowie nach der ökonomischen Tragfähigkeit von Investitionen im Spannungsfeld zwischen wirtschaftlicher Leistungsfähigkeit, Umweltschutz und gesellschaftlicher Akzeptanz.

Nach dem Grundsatz, dass die nachhaltigsten Anlagen diejenigen sind, die gar nicht erst neu errichtet werden müssen, werden im Folgenden die für ein klimaneutrales Energiesystem unverzichtbaren Energiespeicher einer kritischen Betrachtung unterzogen. Je höher der Wirkungsgrad von Stromerzeugungsanlagen und Speichern ist, desto geringer ist die notwendige Installationskapazität und desto geringer fällt auch der Speicherbedarf aus.

Die Diskussion über neue Technologien konzentriert sich stark auf ihren Beitrag zur Klimaneutralität, insbesondere auf die Reduktion von Treibhausgasemissionen. Zwar verursachen erneuerbare Energien während der Stromerzeugung keine direkten Emissionen, und Speichertechnologien wie Batterien oder Pumpspeicher ermöglichen die zeitliche Entkopplung von Erzeugung und Verbrauch. Allerdings erfordert ihre Herstellung erhebliche Mengen an Rohstoffen, die überwiegend außerhalb Europas gefördert und verarbeitet werden – oftmals unter Einsatz fossiler Energieträger. Auch der Transport dieser Rohstoffe und Produkte erfolgt nach wie vor überwiegend mit emissionsintensiven Verkehrsmitteln. Entscheidend ist daher nicht nur, eine Verlagerung der Treibhausgasemissionen zu vermeiden, sondern auch weitere Dimensionen ökologischer Nachhaltigkeit zu berücksichtigen, um negative ökologische, ökonomische und soziale Folgen in rohstoffliefernden Ländern zu verhindern.

Einen geeigneten methodischen Rahmen bietet hier die Lebenszyklusanalyse von Produktsystemen. Sie ermöglicht eine systematische Erfassung der für ein Produkt eingesetzten Ressourcen sowie eine Bewertung der ökologischen Auswirkungen über den gesamten Lebenszyklus hinweg.

4.2 Die Lebenszyklusanalyse (in der Energiewirtschaft)

Im Energiewirtschaftsgesetz ist die Umweltverträglichkeit als Bestandteil des energiewirtschaftlichen Zieldreiecks verankert. Die energiepolitische Regulierung blieb jedoch lange Zeit auf Einzelmaßnahmen beschränkt. So wurde 1974 mit dem Bundes-Immissionsschutzgesetz auf den steigenden Ausstoß von Schwefel- und Stickstoffverbindungen reagiert, deren versauernde Wirkung Waldökosysteme beeinträchtigte und zur Eutrophierung beitrug. Im Jahr 2000 folgte die europäische Wasserrahmenrichtlinie, deren Ziel es war, die Wasserpolitik der EU zu harmonisieren und eine nachhaltige sowie umweltverträgliche Nutzung der Gewässer sicherzustellen. Hierzu zählen auch die Maßnahmen zur Wiederherstellung eines „guten ökologischen und chemischen Zustands“ sowie die Überwachung des Eintrags prioritärer Stoffe[1]. Mit Einführung des europäischen Emissionshandelssystems (EU-ETS) im Jahr 2005 erfolgte erstmals ein marktbasiertes Instrument zur Reduktion von Treibhausgasemissionen in der Energiewirtschaft und in energieintensiven Industrien, während die Sektoren Verkehr und Wärme zunächst ausgenommen blieben. Der EU-ETS kann als erster Versuch gewertet werden, die negativen Umwelteffekte der Energiewirtschaft zu internalisieren.

Allen bisherigen Lenkungsabgaben, Gebühren und Regulierungen ist jedoch gemeinsam, dass ihnen ein holistischer Ansatz[2] fehlt, sie zumeist reaktiv entstanden sind und sich oft auf Treibhausgasemissionen beziehen. Lebenszyklusanalysen (Life Cycle Assessments, LCA) – auch als Ökobilanzen bezeichnet – bieten demgegenüber ein Instrument, um bislang externalisierte Umwelteffekte systematisch in die Entscheidungsfindung einzubeziehen und damit zu internalisieren. Sie ermöglichen es, die Umweltwirkungen einzelner Produktionsstandorte, Prozesse, Produkte und Dienstleistungen umfassend zu bewerten und Optimierungen über das gesetzlich Geforderte hinaus zu identifizieren [72].

Für die Energiewirtschaft haben Lebenszyklusanalysen spätestens mit der Verabschiedung der EU-Taxonomie-Verordnung (EU-TaxVO) an Bedeutung gewonnen. Die EU-TaxVO dient als Klassifizierungssystem, das definiert, welche wirtschaftlichen Aktivitäten

[1] Prioritäre Stoffe sind Substanzen, die eine besondere Gefahr für Mensch und Umwelt darstellen und daher vorrangig reduziert werden müssen.

[2] Mit „holistischem Ansatz“ ist eine ganzheitliche Betrachtung gemeint, bei der das Energiesystem als Gesamtheit seiner Einflüsse verstanden wird. In diesem Kontext umfasst der Begriff die Erweiterung der rein technisch-ingenieurwissenschaftlichen Perspektive um ökonomische, ökologische, rechtlich-regulatorische und soziologische Aspekte.

als ökologisch nachhaltig gelten. Ziel ist es, Finanzströme in nachhaltige Investitionen zu lenken, Greenwashing vorzubeugen sowie Transparenz und Vergleichbarkeit von Unternehmen und Finanzprodukten zu fördern.

In der praktischen Umsetzung zeigt sich jedoch ein Spannungsfeld: Die Anforderungen an die Nachweisführung unterscheiden sich je nach Technologie erheblich. Für Unternehmen entsteht dadurch ein Anreiz, jene Technologien zu bevorzugen, bei denen der Nachweis ökologischer Nachhaltigkeit vergleichsweise einfach zu erbringen ist – auch wenn alternative Technologien möglicherweise einen höheren ökologischen Nutzen entfalten könnten.

Angesichts der zentralen Bedeutung von Energiespeichern für das künftige Energiesystem werden die in Kap. 3 dargestellten Speichertechnologien im Folgenden einer Lebenszyklusanalyse unterzogen. Ziel ist es, ihren ökologischen Fußabdruck zu ermitteln, ihre ökologische Nachhaltigkeit qualitativ wie quantitativ zu bewerten und damit eine fundierte Entscheidungsgrundlage für geeignete Lösungen zu schaffen.

Darüber hinaus soll jene Transparenz geschaffen werden, die zwar in der EU-TaxVO als Ziel formuliert ist, in der praktischen Umsetzung bislang jedoch nicht erreicht wird.

4.2.1 Struktur von Lebenszyklusanalysen

Ökobilanzen beruhen auf dem Lebenszyklusansatz. Die Umweltauswirkungen eines Produkts werden von der Gewinnung der Rohstoffe über die Herstellung und Nutzung während der gesamten Lebensdauer bis hin zur Entsorgung erfasst und bewertet[3] [72, S. 11]. Im Gegensatz zu anderen Werkzeugen werden alle Prozesse berücksichtigt, die zur Bereitstellung der Funktion eines Produkts dienen – in diesem Fall die Speicherung von Energie. Dadurch werden die Umweltauswirkungen während des gesamten Lebenszyklus umfassend ermittelt und die Gefahr verringert, dass sie lediglich verlagert, statt vermieden werden.

Die Lebenszyklusanalyse hat quantitativen Charakter, d. h. sie kann genutzt werden, um die Umweltauswirkungen verschiedener Produkte zu vergleichen. Hierzu werden die verwendeten Ressourcen und emittierten Emissionen berechnet und – sofern möglich – geografisch zugeordnet, sodass potenzielle Umweltauswirkungen quantifiziert werden können. Die Berechnung basiert auf naturwissenschaftlichen Methoden.

Es sei darauf hingewiesen, dass der Umfang der Lebenszyklusanalyse zugleich eine Limitierung darstellt: Für die Erstellung eines Modells müssen Annahmen getroffen und Vereinfachungen vorgenommen werden. Lebenszyklusanalysen ermitteln daher keine tatsächlichen Umweltauswirkungen, sondern Umweltauswirkungspotentiale. Zudem basieren sie auf der Durchschnittsleistung industrieller Prozesse und berücksichtigen nicht seltene, aber problematische Ereignisse wie maritime Ölverschmutzungen, Unfälle oder Reaktorkatastrophen. Lebenszyklusanalysen sind relativ: Sie zeigen, welches Produktsystem im Vergleich besser abschneidet, können aber nicht beurteilen, ob ein Produktsystem absolut ökologisch nachhaltig ist [74, S. 12–14].

---

[3] Dieser Ansatz wird als ‚from cradle to grave' bezeichnet; d. h. von der Wiege bis zur Bahre.

4.2.2 Aufbau von Lebenszyklusanalysen

Der prinzipielle Aufbau einer Lebenszyklusanalyse ist durch die DIN EN ISO 14040 vorgegeben und in Abb. 4.2 dargestellt. Zunächst werden das Ziel der Untersuchung und deren Rahmen festgelegt, anschließend erfolgt die Erstellung der Sachbilanz, die Wirkungsabschätzung und schließlich die Auswertung. Die Ergebnisse können vielseitig genutzt werden: zur Entwicklung und Optimierung von Produkten, zur strategischen Planung, als Unterstützung politischer Entscheidungen, für Marketingzwecke, Investitionsentscheidungen oder andere Anwendungen.

Festlegung des Ziels und des Untersuchungsrahmens
Durch die Festlegung des Ziels einer Lebenszyklusanalyse und des Untersuchungsrahmens soll beantwortet werden, warum und für wen die Analyse durchgeführt wird. Hierzu muss die *funktionelle Einheit* definiert werden. Sie beschreibt den quantifizierbaren Nutzen des

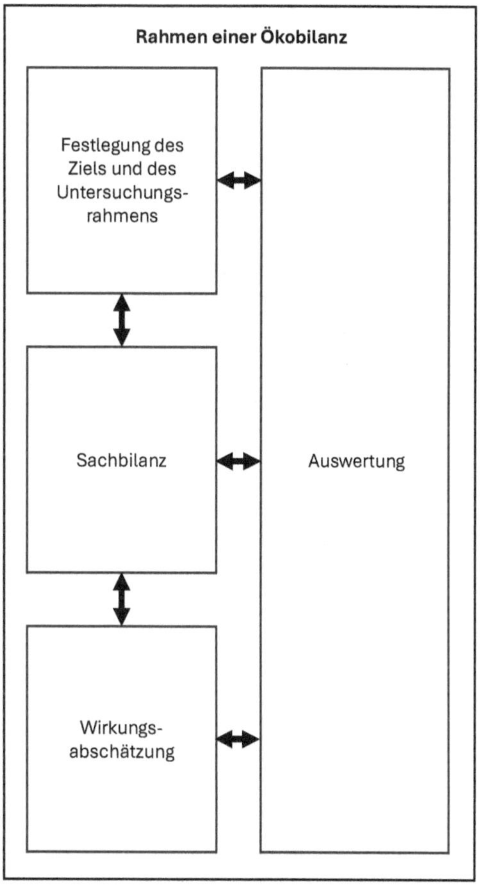

Abb. 4.2 Phasen einer Lebenszyklusanalyse

untersuchten Produktsystems oder Gegenstands und ist die Einheit auf welche Umweltauswirkungen bezogen werden. Der *Untersuchungsrahmen* legt fest, welche Aktivitäten und Prozesse innerhalb der Systemgrenzen der Lebenszyklusanalyse des untersuchten Systems berücksichtigt werden. Die Zieldefinition und der daraus abgeleitete Untersuchungsrahmen sind entscheidend für die spätere Interpretation der Ergebnisse, da sie Datensammlung, Modellierung und Bewertung maßgeblich beeinflussen. Gemäß der DIN EN ISO 14044 [55] müssen folgende Punkte eindeutig festgelegt werden:

1. Die beabsichtigte Anwendung;
2. die Gründe für die Durchführung der Studie;
3. die angesprochene Zielgruppe, d.h. an wen sich die Ergebnisse richten sollen;
4. ob die Ergebnisse für die Verwendung in zur Veröffentlichung vorgesehenen, vergleichenden Aussagen bestimmt sind.

[56, 72, 74]

Sachbilanz

In der Sachbilanz werden alle Informationen über Ressourcen, Materialien, Halbzeuge, Produkte, Emissionen, Abfälle und Zwischenprodukte erhoben, die für den Lebenszyklus des Produkts relevant sind. Die Analyse umfasst sämtliche Prozesse innerhalb der zuvor definierten Systemgrenzen. Aus der funktionellen Einheit wird der *Referenzfluss* abgeleitet, und alle Flüsse werden auf diesen skaliert. Der Referenzfluss gibt die Menge an Material oder Energie an, die zur Erfüllung der Funktion notwendig ist. Das Ergebnis der Sachbilanz ist eine Liste von *Elementarflüssen,* die für die Bereitstellung der funktionellen Einheit erforderlich sind. Elementarflüsse sind Stoffe oder Energie, die dem untersuchten System zugeführt werden und der Umwelt ohne vorherige menschliche Behandlung entnommen wurden. Dazu zählen auch alle Stoffe oder Energien, die das untersuchte System ohne menschliche Behandlung wieder in die Umwelt abgibt [56, 72, 74].

Wirkungsabschätzung

Aufbauend auf der Sachbilanz übersetzt die *Wirkungsabschätzung* die in der Sachbilanz erfassten Flüsse des Produktsystems in deren Auswirkungen auf die Umwelt. Obwohl in Abb. 4.2 die Wirkungsabschätzung als ein einzelner Schritt dargestellt ist, gliedert sie sich in drei verbindliche und vier optionale Schritte:

1. Begründung und Auswahl von Wirkungskategorien, Wirkungsindikatoren und Modellen
2. Zuordnung der Sachbilanzergebnisse zu Umweltwirkungen
3. Berechnung der Wirkungsindikatorergebnisse
4. *Normierung, bzw. Berechnung der Höhe der Wirkungsindikatorergebnisse im Verhältnis zu einem Referenzwert oder mehreren Referenzwerten*
5. *Ordnung der normierten Auswirkungswerte*

6. *Gewichtung*
7. *Analyse der Datenqualität*

Letztlich müssen die Ergebnisse der Studie interpretiert werden, um die in der Zieldefinition formulierten Fragen zu beantworten. Dabei werden sowohl die Ergebnisse der Sachbilanz als auch der Wirkungsabschätzung und gegebenenfalls der Normierung und Gewichtung berücksichtigt. Die Interpretation sollte stets vor dem Hintergrund des zu Beginn festgelegten Ziels und Untersuchungsrahmens erfolgen und dabei Restriktionen hinsichtlich der Systemgrenzen sowie geografische, zeitliche oder technologische Beschränkungen berücksichtigen [56, 72, 74].

In Abb. 4.3 sind die drei verbindlichen Schritte visualisiert. Nachdem die für die Lebenszyklusanalyse eines Produkts oder Systems notwendigen Rohstoffe in einer Sachbilanz erhoben und auf die definierte funktionelle Einheit bezogen wurden, werden die Sachbilanzergebnisse kalkuliert. Diese liegen als Elementarflüsse vor, beispielsweise als emittierte Treibhausgas-Emissionen pro funktioneller Einheit. Da die einzelnen Stoff- und Energieströme für sich genommen wenig Aussagekraft besitzen, werden die Umweltwirkungsmechanismen der Sachbilanzergebnisse mithilfe von Charakterisierungsmodellen interpretiert. So werden Treibhausgasemissionen unter einem Modell des IPCC subsummiert und mit diesem die Wirkungskategorie „Klimaänderung" bewertet. Die gängigsten Wirkungskategorien sind in Abb. 4.3 dargestellt und werden in verschiedenen Bewertungsmethoden zusammen-

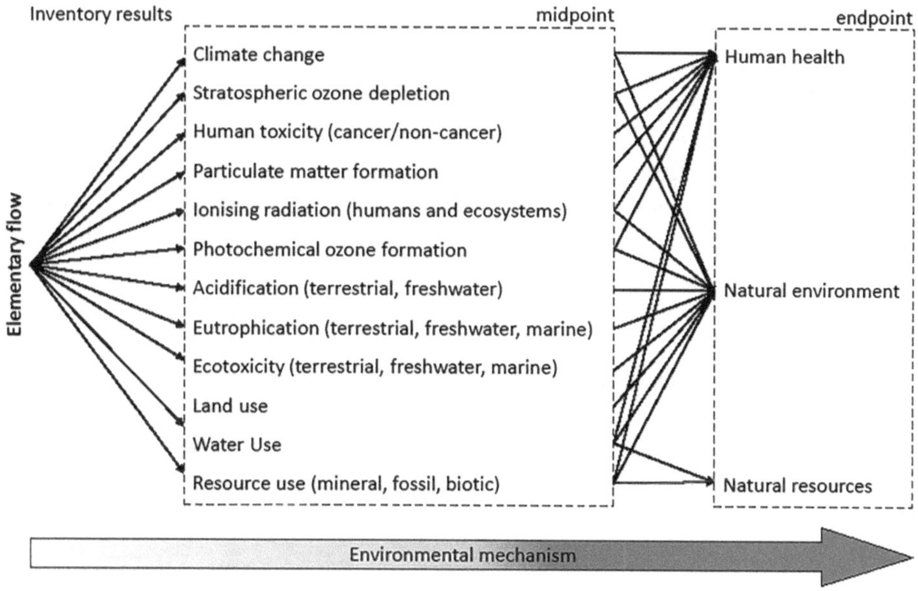

Abb. 4.3 Midpoint- und endpoint-Wirkungsindikatorenansätze. (Eigene Darstellung nach [74, S. 182 83, S. 108])

gefasst. Die Methoden bedienen sich in der Regel der dargestellten Wirkungskategorien und unterscheiden sich teilweise in den verwendeten Charakterisierungsmodellen, liefern jedoch ähnliche Aussagen. Wenn die Wirkungsabschätzung die Stoff- und Energieströme zu den Umweltwirkungskategorien (wie z. B. Klimaänderung) aggregiert, spricht man von midpoint-Indikatoren. Die gängigsten Wirkungskategorien der midpoint-Methode sind in Abb. 4.3 im gestrichelten Kasten midpoint dargestellt. Versuch man, kausale Zusammenhänge zwischen den potenziellen Umweltauswirkungen der midpoint-Methode und realen Auswirkungen auf definierte Schutzgüter wie Gesundheit, Umwqelt oder Ressourcen herzustellen, spricht man von der endpoint-Methode. In der Fachliteratur wird über Vor- und Nachteile beider Ansätze diskutiert. Während die Ergebnisse der midpoint-Methode als sicherer gelten, sind sie in der Regel weniger relevant für Entscheidungsfindungen. Die Ergebnisse der endpoint-Methode gelten als besonders relevant für Entscheidungen, jedoch als unsicherer [12, S. 326]. Hauschild et al. empfehlen, midpoint- und endpoint-Indikatoren nicht als Alternativen zu betrachten, sondern Methoden zu verwenden, die beide Ansätze kombinieren [74, S. 183]. Das ILCD nennt als Unsicherheitsquellen sowohl die unvollständige Modellierung bei midpoint-Indikatoren als auch die Modellierung hin zum Endpunkt der Umweltauswirkung [82, S. 5]. Aufgrund der überwiegenden Verwendung von midpoint-Indikatoren in der Literatur wird die Wirkungsabschätzung in den nachfolgenden Lebenszyklusanalysen mit midpoint-Indikatoren durchgeführt.

4.3 Lebenszyklusanalysen von Energiespeichertechnologien

Wie in den vorangegangenen Kapiteln beschrieben, ist ein zeitlicher (und räumlicher) Ausgleich zwischen Stromerzeugung und -verbrauch notwendig. Neben Pumpspeichern, Batteriespeichern und Elektrolyseuren übernehmen auch diese Aufgaben zunehmend die Energiespeicherung. Der primäre Zweck der Elektrolyseure ist die Erzeugung von Wasserstoff unter Einsatz von Strom und Wasser. In den nachfolgenden Abschnitten wird dem Elektrolyseur neben einer nachgeschalteten Verstromungseinheit auch ein Wasserstoffspeicher zwischengeschaltet, sodass ein Energiespeichersystem auf Basis der Wasserstoffelektrolyse konstruiert wird.

Es folgt eine Vorstellung der Speichertechnologien sowie die Festlegung der betrachteten Systemgrenzen. Die funktionelle Einheit der Lebenszyklusanalyse wird definiert, die Gründe für deren Durchführung erläutert, Sachbilanzen aufgestellt und eine Wirkungsabschätzung durchgeführt. Darüber hinaus werden die verwendeten Rohstoffe nicht nur hinsichtlich ihrer ökologischen Auswirkungen, sondern auch ihrer politischen Implikationen diskutiert.

4.3.1 Festlegung des Ziels und des Untersuchungsrahmens

In den Diskussionen um Klimaneutralität steht im Allgemeinen das Ziel eines klimaneutralen Energiesystems ohne Netto-Treibhausgas-Emissionen und die dafür notwendigen Technologien im Fokus. Das die Gewinnung der benötigten Rohstoffe und die Herstellung der Energiewende-Technologie selbst Treibhausgasemissionen verursachen und einen erheblichen ökologischen Fußabdruck haben können, wird in der Regel außer Acht gelassen. Diskutiert wird der ökologische Fußabdruck bzw. die Schäden an der Umwelt meist erst dann, wenn die Technologien vor Ort gebaut werden sollen. Dabei besteht eine Diskrepanz zwischen Technologien, die außer Landes hergestellt und lokal lediglich aufgebaut werden, und Technologien, deren Herstellung und Bau im Inland erfolgen. Der ökologische Fußabdruck einer Technologie wird häufig angeführt, um eine Technologie zu verhindern, und selten, um die ökologisch beste Lösung zu identifizieren.

Das Ziel der in den nachfolgenden Abschnitten durchgeführten Lebenszyklusanalysen ist die holistische Betrachtung von Energiespeichertechnologien über die Treibhausgasemissionen hinaus. Neben Treibhausgasemissionen als globalem Wirkungsindikator sollen auch regionale (z. B. Versauerung, Eutrophierung) und lokale (z. B. Wasserbedarf, Landnutzung) Indikatoren sowie der Ressourcenbedarf der verwendeten Rohstoffe betrachtet werden. Abgeleitet aus den Ergebnissen sollen diese hinsichtlich des Einsatzzwecks der ausgewählten Energiespeichertechnologien diskutiert werden.

Der **Untersuchungsrahmen** umfasst die zur Herstellung der Energiespeichertechnologien notwendigen Rohstoffe, deren Transport, den Betrieb der Energiespeichertechnologie sowie das Recycling und die etwaige Verwendung der Sekundärmaterialien. Der Energiebedarf für die Herstellung der jeweiligen Energiespeichertechnologie aus den Rohstoffen wurde mangels Verfügbarkeit von Daten nicht betrachtet, jedoch im Rahmen der vorgestellten Ergebnisse diskutiert.

Der Fokus liegt auf möglichst realitätsnahen Szenarien, so dass bei der Modellierung des Pumpspeichers von bestehenden Speicherbecken und Netzanschlüssen ausgegangen wird. Dementsprechend wird der Bau einer Kaverne mit Krafthaus, Maschinensätzen sowie den notwendigen Triebwasserwegen betrachtet. Bei den untersuchten Batterie- und Wasserstoffspeichern wird ebenfalls von bestehenden Netzanschlüssen ausgegangen. Die **funktionelle Einheit** aller Lebenszyklusanalysen ist die *ausgespeicherte elektrische Energie von 152.315 MWh pro Jahr über 100 Jahre in Süddeutschland.* Die Herleitung kann in [9] nachvollzogen werden.

Als Maßstab für diese Auslegung wird ein fiktives, jedoch realitätsnahes Pumpspeichermodell konzipiert, dessen ausgespeicherte elektrische Energie über einen Zeitraum von 100 Jahren auf Basis realer Wirkungsgrade und Einsatzstunden ermittelt wird. Ausgehend von der ausgespeicherten elektrischen Energie des Pumpspeichers wird das Modell des Batteriespeichers und des Wasserstoffspeichers erstellt, die dementsprechend skaliert werden.

4.3.2 Auswahl der Charakterisierungsfaktoren

Aus den ILCD-Handbüchern geht die Lebenszyklusanalyse-Bewertungsmethode „environmental footprint" (EF) hervor, welche in den nachfolgenden Lebenszyklusanalysen verwendet wird. Die in der EF-Bewertungsmethode verwendeten Umweltwirkungsindikatoren sind in Tab. 4.1 dargestellt. Die Umweltindikatoren stimmen weitestgehend mit weiteren gängigen Bewertungsmethoden wie ReCiPe und CML überein.

In den nachfolgenden Lebenszyklusanalysen wird eine Auswahl an Charakterisierungsfaktoren detailliert untersucht. Die vollständige Auflistung aller Umweltwirkungsindikatoren ist im Anhang von [9] zu finden. Die in den nachfolgenden Lebenszyklusanalysen ausgewerteten Charakterisierungsfaktoren sind in Tab. 4.1 fettgedruckt dargestellt. Die Auswahl erfolgt sowohl nach Bedeutung als auch nach der räumlichen Variabilität der Charakterisierungsfaktoren auf globaler, regionaler und lokaler Ebene. Die Auswirkungen des Klimawandels und des Ozonschichtabbaus sind unabhängig von der Quelle, da sie das globale Klima beeinflussen. Andere Faktoren wie Versauerung und Eutrophierung werden als regional charakterisiert, da sie kleinere Regionen bis hin zu Kontinenten rund um die Quelle des Eintrags betreffen. Lokale Faktoren wie Wasserverbrauch und Landnutzung wirken sich auf die Biodiversität in unmittelbarer Nähe der Quelle aus [74, S. 184]. Eine vollständige Regionalisierung ist weder erstrebenswert noch in der Regel praktikabel [72, S. 173] und wird daher auch in dieser Arbeit nicht vorgenommen. Gleichwohl ist es wichtig, auf die Regionalität von Umweltauswirkungen hinzuweisen. Diese unterscheiden sich stark abhängig von der Vegetations- und Klimazone des untersuchten Gebiets. So hat die Landnutzung im tropischen Regenwald deutlich folgenschwerere Auswirkungen auf die lokale Biodiversität als in einer Wüste. In trockenen Regionen führt ein hoher Wasserverbrauch zu größeren Umweltauswirkungen als in Nord- und Mitteleuropa.

4.4 Lebenszyklusanalysen in der Literatur

Zur Prüfung und Verifizierung der Ergebnisse der durchgeführten Lebenszyklusanalysen wurden diese mit vorhandener Literatur verglichen. Der Fokus lag auf den getroffenen Annahmen, der verwendeten Datengrundlage für die Modellierung der Energiespeicher, der funktionellen Einheit sowie den Unterschieden zwischen den jeweiligen Modellen. Eine ausführliche Literaturstudie kann in [9, S. 107–121] nachgelesen werden.

Aufgrund der sehr heterogenen Modellierung ist ein Vergleich der Ergebnisse nur eingeschränkt möglich. Die Menge an Literatur, die Energiespeichertechnologien untereinander vergleicht, ist gering. Zudem werden in den wenigsten Fällen Speicherkapazität, Leistung oder Lebensdauer normiert, was einen Vergleich zusätzlich erschwert.

Darüber hinaus sind die einzelnen Technologien sehr unterschiedlich modelliert. Bei Pumpspeichern werden reale Anlagen abgebildet, länderspezifische Modellanlagen aus Aggregationen gebildet oder hypothetische Speicherkraftwerke modelliert. Wasserstoffspei-

Tab. 4.1 Empfohlene Umweltwirkungsindikatoren gemäß [84]

Wirkungskategorie	Charakterisierungsfaktor	Einheit
Klimawandel	Treibhauspotenzial (Global Warming Potential GWP)	kg CO_2 eq.
Ozonschichtabbau	Ozonabbau-Potenzial (Ozone Depletion Potential ODP)	kg CFC-11 eq.
Humantoxische Wirkungen (krebserregend)	rel. toxische Einheiten für Menschen (Comparative toxic unit for humans CTUh)	CTUh
Humantoxische Wirkungen (nicht-krebserregend)	rel. toxische Einheiten für Menschen (Comparative toxic unit for humans CTUh)	CTUh
Partikelbildung	Gesundheitliche Auswirkungen verbunden mit Feinstaub	Krankheitsfälle
Radioaktive Strahlung	Kontakteffizient relativ zu U235	kBq U235
Versauerung	Akkumulierte Überschreitung	mol H+ eq.
Eutrophierung (Süßwasser)	Nährstoffeintrag	mol P eq.
Eutrophierung (Salzwasser)	Nährstoffeintrag	mol N eq.
Eutrophierung (terrestrisch)	Akkumulierte Überschreitung	mol N eq.
Ökotoxische Wirkungen (Süßwasser)	Relative toxische Einheiten für Ökosysteme	CTUe
Landnutzung	Bodengüte-Index	Punkte
Wasserverbrauch	Relatives Potenzial des Wasserentzugs	m^3
Resourcennutzung (Mineralien & Metalle)	Abiotischer Ressourcenabbau (ult. Reserven)	kq Sb eq.
Ressourcennutzung (fossile Energieträger)	Abiotischer Ressourcenabbau (fossil)	MJ

cher unterscheiden sich insbesondere in der Ausspeichereinheit: In der Literatur wird hierfür sowohl ein GuD-Kraftwerk als auch eine Brennstoffzelle verwendet. Bei Batteriespeichern ermöglicht die vergleichsweise große Anzahl an Studien sowie die höhere Modellqualität am ehesten eine systematische Vergleichbarkeit.

Diskrepanzen bestehen bei allen Technologien hinsichtlich der Datenqualität. In den wenigsten Fällen erheben die Autoren eigene Daten; meist wird bestehende Literatur zitiert oder es wird auf in Simulationssoftware hinterlegte Modelle zurückgegriffen. Häufig werden

Energiespeicher auf wenige Hauptmaterialien reduziert, während einzelne Baugruppen nur selten detailliert berücksichtigt werden.

Die größte Abweichung besteht in der Wahl der funktionellen Einheit, die oftmals unspezifisch bleibt und entweder ganze Systeme bilanziert oder nicht klar definiert, ob ein- oder ausgespeicherter Strom betrachtet wird.

Trotz der großen Unterschiede in der Modellierung lassen sich qualitative Aussagen aus der Literatur ableiten: Unisono wird auf den starken Einfluss des eingespeicherten Stroms auf die Umweltauswirkungen hingewiesen. Je höher der Anteil fossiler Brennstoffe im Strommix, desto größer die negativen Effekte auf die Ökobilanz.

Eng damit verknüpft ist der Wirkungsgrad der Energiespeichertechnologie. Je geringer dieser ist, desto mehr Strom wird für eine Einheit ausgespeicherten Stroms benötigt. Daher ist für die Vergleichbarkeit verschiedener Technologien essenziell, dass der ausgespeicherte Strom als funktionelle Einheit gewählt wird. Andernfalls wird der Wirkungsgrad nicht korrekt berücksichtigt.

Weiterhin wird der Einfluss von Recycling bzw. der Substitution primärer durch sekundäre Rohstoffe betont. Besonders bei Primärrohstoffen mit großem ökologischem Fußabdruck ist der Nutzen erheblich. Allerdings kann der Abbau der Anlage und das Recycling selbst einen nicht unerheblichen ökologischen Fußabdruck verursachen, sodass der Vorteil sekundärer Rohstoffe im Einzelfall reduziert oder sogar aufgehoben werden kann [13, 44, 66, 75, 78, 85, 91, 93, 100, 119, 123, 124].

4.5 Lebenszyklusanalyse Pumpspeicher

Da Pumpspeicher hinsichtlich der installierten Leistung sowohl in Deutschland als auch weltweit die bedeutendste kommerzielle Energiespeichertechnologie darstellen, dienen sie als Grundlage für die Auslegung des Batterie- und Wasserstoffspeichers. Der Fokus bei der Auswahl des Fallbeispiels „Pumpspeicher" liegt auf realisierbaren Vorhaben. Wie die Praxis in den Nachbarländern zeigt, ist der Zubau von Leistung bei bestehenden Speicherbecken derzeit die realistischste Form des Ausbaus von Pumpspeicherkapazitäten. So wurde im Sommer 2022 der Pumpspeicher Nant de Drance in der Schweiz unter Nutzung bestehender Becken in Betrieb genommen [11]. Auch die beiden Ausbauprojekte der Vorarlberger Illwerke nutzen bestehende Speicherbecken [133]. Als Hauptgründe werden insbesondere die kürzere Planungs- und Genehmigungsphase genannt, da die Natureingriffe geringer sind. Zudem kann auf bestehende Infrastruktur zurückgegriffen werden, wodurch Kosten eingespart werden können. Auch in Deutschland werden derzeit Ausbauprojekte durch die Schluchseewerk AG und die EnBW realisiert, die bestehende Anlagen modernisieren [57, 111].

Dementsprechend ist das Fallbeispiel für die Lebenszyklusanalyse nach dem Prinzip eines minimal invasiven Eingriffs konzipiert. Es stellt den Bau eines fiktiven Kavernenpumpspeichers in der Werksgruppe Schluchsee der Schluchseewerk AG dar. Die Werksgruppe Schluchsee ist in Abb. 4.4 dargestellt. Sie besteht aus dem 1931 in Betrieb genommenen Pumpspeicher Häusern, dem 1943 in Betrieb genommenen Pumpspeicher Witznau und dem 1951 in Betrieb genommenen Pumpspeicher Waldshut. Die drei Anlagen bilden gemeinsam eine Kaskade vom Schluchsee bis zum Rhein und nutzen eine Fallhöhe von insgesamt 610 m. Zusätzlich zu den eigentlichen Pumpspeichern mit ihren jeweiligen Ober- und Unterbecken existieren das Alb- und das Mettmabecken, die Wasser im Einzugsgebiet der Flüsse Alb und Mettma fassen und stauen. Bei Bedarf wird das Wasser des Albbeckens in das Schwarzabecken übergeleitet, während das Wasser des Mettmabeckens in das Witznaubecken übergeleitet wird. Für beide Becken besteht weder die Möglichkeit, das übergeleitete Wasser zu turbinieren, noch Wasser in die Becken zurückzupumpen.

Der zu modellierende Pumpspeicher ist ein fiktiver Kavernenpumpspeicher, der zwischen dem Schluchsee und dem Albbecken errichtet werden soll. Der Schluchsee weist ein Stauziel von 930 m ü. NN auf, das Albbecken ein Stauziel von 736,5 m ü. NN. Während der Schluchsee einen Nutzinhalt von 108 Mio. m^3.[4] besitzt, beträgt der Nutzinhalt des Albbeckens 2,2 Mio. m^3.

4.5.1 Auslegung, Dimensionierung und Systemgrenzen des Fallbeispiels Pumpspeicher

Für die Auslegung und Dimensionierung des Fallbeispiels dieser Arbeit wurden Gespräche mit Mitarbeiterinnen und Mitarbeitern der Schluchseewerk AG geführt. Auf Basis der dabei gewonnenen Informationen und Daten wurde der Modellspeicher konzipiert, der nachfolgend dargestellt wird. Die Kenndaten des Pumpspeichermodells sind im Anhang in Tab. 4.2 aufgeführt. Die elektrische Leistung von 200 MW ergibt sich aus der Bruttofallhöhe von 207 m zwischen dem Schluchsee und dem Albbecken. Daraus wurde eine Speicherkapazität des Albbeckens von 922 MWh berechnet. Der Wirkungsgrad sowie die Volllaststunden wurden aus den Mittelwerten bestehender Pumpspeicheranlagen der Schluchseewerk AG für den Zeitraum 2011 bis 2020 abgeleitet. Bei einer angenommenen Lebensdauer von 100 Jahren ergibt sich daraus eine insgesamt ausgespeicherte elektrische Energie von 15.231.500 MWh. Diese ausgespeicherte Energie dient nicht nur als funktionelle Einheit der Lebenszyklusanalyse, sondern stellt zugleich eine Eingangsgröße für die Modellierung des Batterie- und Wasserstoffspeichers dar. Eine detaillierte Aufstellung findet sich im Anhang von [9]. Die in der Lebenszyklusanalyse berücksichtigten Baugruppen sind in Abb. 4.5 dargestellt. Demnach sind für das Pumpspeichermodell ein Einlaufbauwerk für das Oberbecken, ein Auslaufbauwerk für das Unterbecken, Triebwasserwege sowie das Krafthaus in Kavernenbauweise zu errichten. Der Aufwand für die Energieableitung ist gering, da ein Netzanschluss bereits vorhanden ist. Ebenso wird die Baustellenlogistik in der Modellierung berücksichtigt.

[4] Die gesamte Wassermenge des gefüllten Schluchsees beträgt 108 Mio. m^3, die aufgrund genehmigungsrechtlicher Vorgaben nicht vollständig genutzt werden darf.

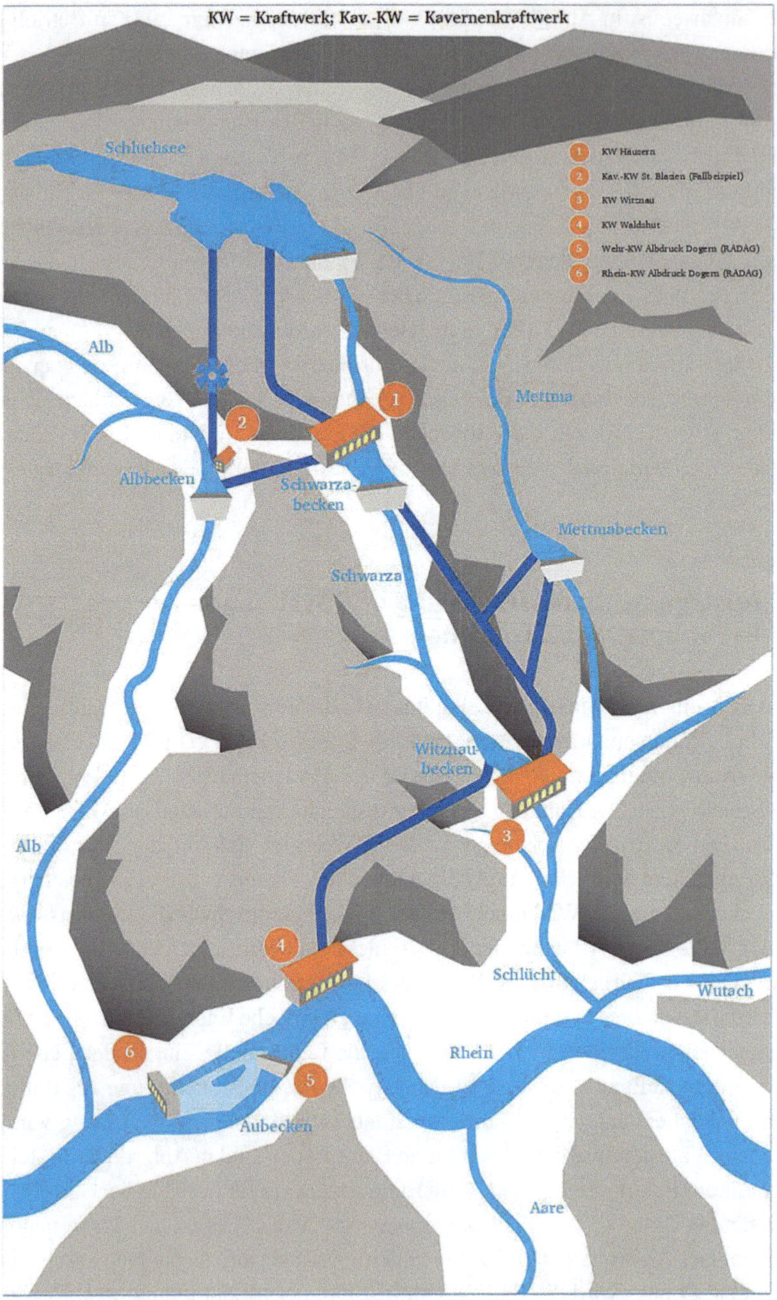

Abb. 4.4 Werksgruppe Schluchsee mit fiktiver Erweiterung des AlbbeckensWerksgruppe Schluchsee mit fiktiver Erweiterung des Albbeckens

Tab. 4.2 Kenndaten des Pumpspeichermodells

Leistung	Kapazität	Wirkungsgrad	Volllastunden	Ausgespeicherte el. Energie
200 MW	922,04 MWh	74,3 %	1025 h/a	152.315 MWh/a

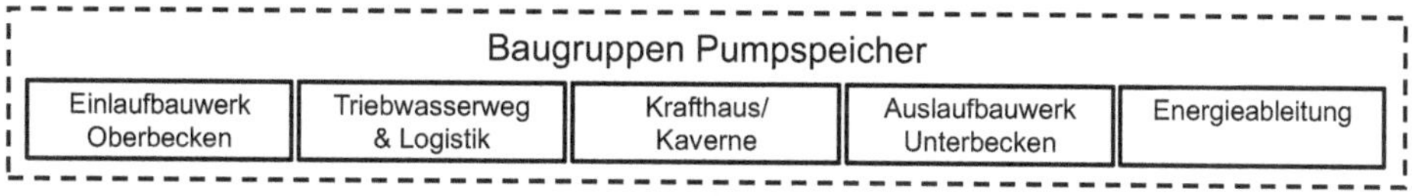

Abb. 4.5 Baugruppen des Fallbeispiel Pumpspeicher

Das Krafthaus besteht aus sechs Hauptkomponenten: der Leittechnik, dem Generator, dem Transformator, der Pumpe, der Turbine sowie der Kaverne selbst. Die Leittechnik umfasst Schaltschränke, Baugruppenträger, Halterungen, Kabel, Leitungen, Klemmen und Gehäuse. Der Generator beinhaltet das Statorgehäuse, Blechpakete, Halterungen, Pressplatten, Polkörper, Rotorläufer und Generatorwicklungen. Beim Transformator sind neben dem Transformatoröl auch die metallischen Bauteile berücksichtigt. Pumpe und Turbine umfassen neben dem eigentlichen Maschinensatz auch Lager, Kupplungen sowie die Ober- und Unterwasserkugelschieber.

Das Krafthausbauwerk wird in Schachtbauweise ausgeführt und beinhaltet die Schieberkaverne einschließlich der Erschließung des Zugangsstollens sowie die Ausrüstung des Stahlwasserbaus und der Steuer- und Leittechnik. Für den Triebwasserweg und die Logistik sind ein Druckstollen, ein vertikaler Druckschacht, gepanzerte Horizontalstollen und ein Wasserschloss zu errichten. Das Auslaufbauwerk am Unterbecken umfasst die Ausrüstung des Stahlwasserbaus, die Steuer- und Leittechnik sowie den Schieberschacht mit dessen Erschließung und dem Zugangsstollen [110]. Die Lebensdauer der Gesamtanlage beträgt 100 Jahre. Da nicht alle Baugruppen diese Zeitspanne erreichen, ist eine Erneuerung einzelner Komponenten innerhalb dieses Zeitraums erforderlich. In Tab. 4.3 sind die Lebensdauern der verschiedenen Baugruppen sowie die daraus resultierende Anzahl der über 100 Jahre benötigten Ersatzkomponenten dargestellt. Die Lebensdauer und die entsprechende Ersatzhäufigkeit bilden eine wesentliche Grundlage für die Ermittlung des Ressourcenbedarfs in der Sachbilanz. Die Angaben basieren auf Expertengesprächen sowie auf Erfahrungswerten von Mitarbeitenden der Schluchseewerk AG.

Tab. 4.3 Lebensdauer der Komponenten des Pumpspeichers

Komponente	Lebensdauer	Anzahl über 100 Jahre
Pumpspeicher	100 a	1
Bauwerke	100 a	1
Leittechnik	20 a	5
Turbine/Pumpe	100 a	1
Wandler	10 a	10
Absperrorgane	20 a	5
Generator	50 a	2
Transformator	50 a	2

4.5.2 Festlegung des Ziels und des Untersuchungsrahmens

Ziel der Lebenszyklusanalyse

Die Auslegung erfolgt auf Grundlage gemittelter Betriebsdaten der vergangenen Jahre der Schluchseewerk AG und berücksichtigt daher keine potenzielle Mehrnutzung infolge veränderter politischer oder marktlicher Rahmenbedingungen. Der Fokus der Analyse liegt auf der ausgespeicherten elektrischen Energie; (nicht-)frequenzabhängige Systemdienstleistungen werden nicht betrachtet.

Funktionelle Einheit

Die funktionelle Einheit des Pumpspeichers und aller nachfolgenden Lebenszyklusanalysen ist die *ausgespeicherte elektrische Energie von 15.213.500 MWh pro Jahr über 100 Jahre in Süddeutschland.*

Systemgrenze

Die Systemgrenze des Pumpspeichermodells ist in Abb. 4.6 dargestellt und umfasst die Phasen Bau, Betrieb und Recycling. Die Bauphase beinhaltet den Ressourcenabbau, den dafür erforderlichen Energieeinsatz sowie den Transport zum Anlagenstandort. Für die Verarbeitung der Rohstoffe zu verwertbaren Halbzeugen wird auf Datensätze und Prozesse innerhalb der Software *GaBi* zurückgegriffen. Alle für die Modellierung relevanten Materialien sind in *GaBi* als detaillierte Prozesse hinterlegt.

Da in der Standardbibliothek von *GaBi* nicht alle benötigten Prozesse frei verfügbar sind, wurden fehlende Datensätze in der Vorarbeit zu dieser Dissertation durch Schirmer [110] mithilfe öffentlich zugänglicher Daten der Datenbanken „Prozessorientierte Basisdaten für Umweltmanagementsysteme“ (ProBas) des Umweltbundesamtes sowie „Ökobaudat“ des Bundesministeriums für Wohnen, Stadtentwicklung und Bauwesen manuell ergänzt. Da der Detaillierungsgrad von ProBas und Ökobaudat nicht dem der in *GaBi* enthaltenen Prozesse

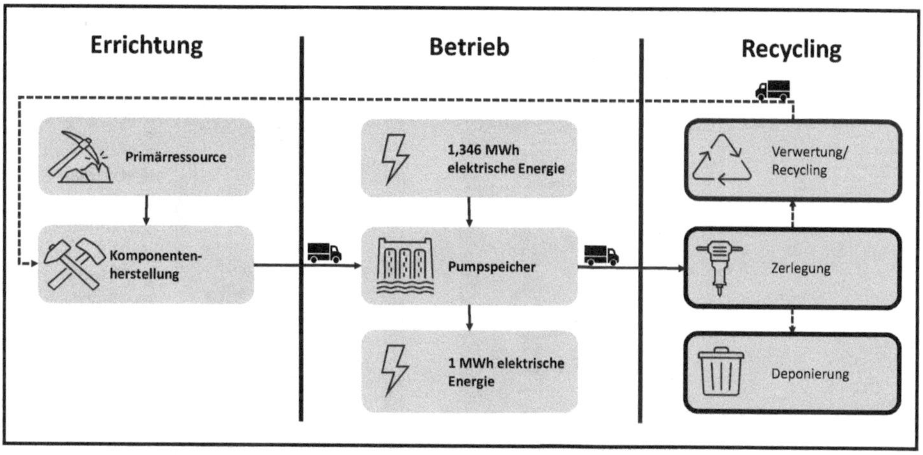

Abb. 4.6 Systemgrenze des Pumpspeichers

entspricht, wurden die fehlenden Datensätze zusätzlich käuflich erworben. Auf diese Weise kann sichergestellt werden, dass alle relevanten Umweltauswirkungen vollständig erfasst werden.

In *GaBi* wird der jeweilige Prozess vom Erzabbau bis zum Endprodukt über alle Stufen der Wertschöpfungskette hinweg detailliert abgebildet. Dabei werden auch erforderliche Nebenprodukte und Energieträger berücksichtigt. Sofern verfügbar, erfolgt die Modellierung auf nationaler Ebene. Für einige Rohstoffe wird jedoch eine europäische (EU-28) oder globale Darstellung herangezogen. In diesen überregionalen Prozessen fließen unterschiedliche Erzabbauverfahren ebenso ein wie die regionale Zusammensetzung von Energieträgern und Nebenprodukten. Beispielsweise werden für Kupfer drei verschiedene Schmelzverfahren sowie drei unterschiedliche Abbauregionen beziehungsweise -länder berücksichtigt [30, 31].

Je nach Rohstoff wird zudem der Transport zur Weiterverarbeitung und zum anschließenden Veredelungsprozess in die Modellierung einbezogen. Obwohl der Energiebedarf für die Errichtung eines Pumpspeichers vorliegt, fehlen entsprechende Angaben aufgrund unzureichender Datenlage für den Batterie- und Wasserstoffspeicher. Daher wird der Energiebedarf für die Herstellung von Batteriemodulen, den Elektrolyseur sowie für die Errichtung des Pumpspeichers in der vorliegenden Analyse nicht berücksichtigt.

Die Betriebsphase umfasst den über die Lebensdauer von 100 Jahren benötigten, eingespeicherten Strom bezogen auf die definierte funktionelle Einheit. Da die Zusammensetzung des eingespeicherten Stroms die Hauptquelle der Treibhausgasemissionen und der meisten weiteren Umweltauswirkungen darstellt, werden zwei Szenarien unterschieden: Im ersten Szenario wird der deutsche Strommix des Jahres 2020 als einzuspeichernder Strom angenommen. Im zweiten Szenario wird diesem ein in *GaBi* abgebildeter, grüner Strommix für Deutschland gegenübergestellt (siehe Abb. 4.7).

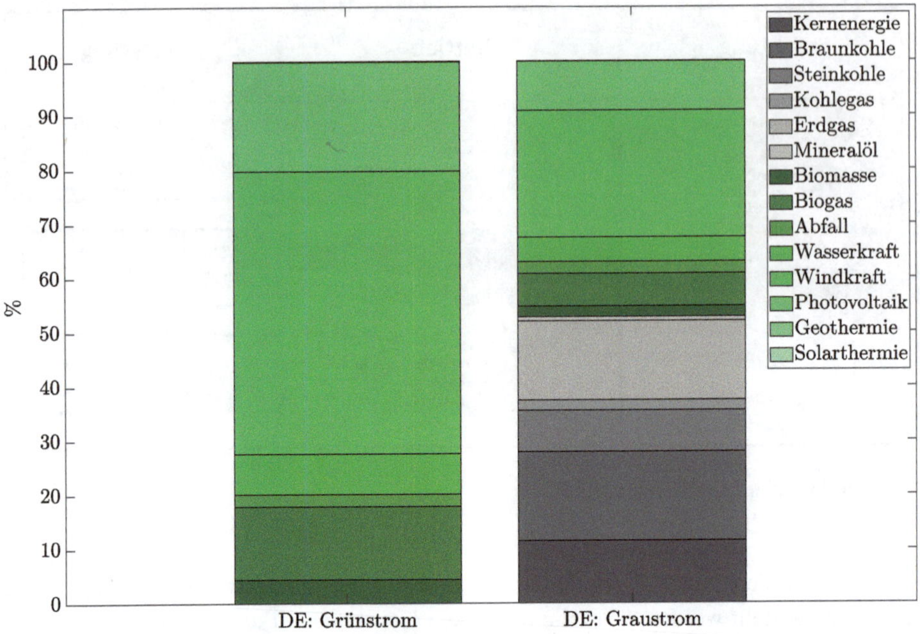

Abb. 4.7 In GaBi verwendeter Strommix (2020)

Die Recyclingphase umfasst die Zerlegung, Deponierung und Verwertung der verwendeten Rohstoffe. Es wird angenommen, dass der Pumpspeicher nach 100 Jahren das Ende seiner Lebensdauer erreicht und die Baugruppen demontiert und möglichst wiederverwertet werden. Die Datenbank *GaBi* stellt – mit Ausnahme des Werkstoffs Stahl – keine detaillierten Recyclingprozesse zur Verfügung. Daher werden diese mithilfe der ProBas- und Ökobaudat-Datenbanken sowie ergänzender Literaturwerte modelliert. Diese Vorgehensweise führt dazu, dass der Energiebedarf und die damit verbundenen Umweltauswirkungen der Recyclingprozesse nur teilweise abgebildet werden können.

Dementsprechend besteht kein Anspruch auf eine vollständige Darstellung der Recyclingphase. Der Fokus liegt auf dem theoretisch möglichen Anteil an recyclebaren Materialien, durch den der Bedarf an Primärrohstoffen reduziert werden kann. Weitere, durch das Recycling verursachte Umweltauswirkungen bleiben in dieser Betrachtung unberücksichtigt.

4.5.3 Sachbilanz

In Abschn. 4.5.1 wurden die in der Lebenszyklusanalyse für den Pumpspeicher betrachteten Baugruppen vorgestellt und deren angenommene Lebensdauer in Tab. 4.3 dargestellt. Für jede Baugruppe sind die verwendeten Materialien sowie deren Massen bekannt. Durch Mul-

Tab. 4.4 Sachbilanz des Pumpspeichers

Material/Rohstoff	Bedarf über 100 Jahre	Bedarf je MWh
	Input Bau	
Aluminium	$1 \cdot 10^4$ kg	$6{,}57 \cdot 10^{-4}\ \frac{kg}{MWh}$
Beton C30/37	$2{,}93 \cdot 10^8$ kg	$1{,}91 \cdot 10^1\ \frac{kg}{MWh}$
Bronze	$6{,}65 \cdot 10^3$ kg	$4{,}36 \cdot 10^{-4}\ \frac{kg}{MWh}$
Polyethylen	$1{,}81 \cdot 10^4$ kg	$1{,}19 \cdot 10^{-3}\ \frac{kg}{MWh}$
Kupfer	$1{,}82 \cdot 10^5$ kg	$1{,}19 \cdot 10^{-2}\ \frac{kg}{MWh}$
legierter Stahl	$1{,}42 \cdot 10^4$ kg	$9{,}35 \cdot 10^{-4}\ \frac{kg}{MWh}$
Messing	$8{,}0 \cdot 10^1$ kg	$5{,}25 \cdot 10^{-6}\ \frac{kg}{MWh}$
Stahl	$2{,}92 \cdot 10^7$ kg	$1{,}92 \cdot 10^0\ \frac{kg}{MWh}$
Transformatoröl	$1{,}25 \cdot 10^5$ kg	$8{,}18 \cdot 10^{-3}\ \frac{kg}{MWh}$
Diesel	–	$5{,}21 \cdot 10^{-2}\ \frac{kg}{MWh}$
	Output Bau	
Pumpspeicher	$3{,}23 \cdot 10^8$ kg	$2{,}12 \cdot 10^1\ \frac{kg}{MWh}$
Ausbruchmaterial	$6{,}61 \cdot 10^8$ kg	$4{,}34 \cdot 10^1\ \frac{kg}{MWh}$

tiplikation mit der über 100 Jahre benötigten Anzahl der jeweiligen Baugruppe lassen sich die Gesamtmassen der erforderlichen Rohstoffe berechnen. Ausgehend von den Baugruppen werden die Rohstoffe anschließend nach Material sortiert und die Massen auf die definierte funktionelle Einheit bezogen. Auf diese Weise kann die Sachbilanz gemäß Tab. 4.4 erstellt werden. Diese Daten dienen als Eingangsgrößen für die Modellierung des Pumpspeichers in der Software *GaBi*.

Für die Betriebsphase wird der einzuspeichernde Strom aus der funktionellen Einheit und dem ermittelten Wirkungsgrad auf 1,346 MWh pro 1 MWh auszuspeicherndem Strom berechnet. In Tab. 4.5 sind die recycelbaren Anteile der verwendeten Primärrohstoffe sowie die für das Recycling benötigten Energieträger und Nebenprodukte aufgeführt. Lediglich für Stahl konnte auf einen vollständigen Recyclingprozess innerhalb von *GaBi* zurückgegriffen werden, sodass nur hier die Umweltauswirkungen vollständig berücksichtigt werden können. Für alle anderen im Pumpspeicher verwendeten Rohstoffe mussten öffentlich zugängliche Prozessdatenbanken oder Literaturwerte herangezogen werden. Für das Recycling von Aluminium wird beispielsweise die Ökobaudat-Datenbank genutzt, nach der 95 % des Aluminiums wiederverwertet werden können. Als Inputgrößen für den Recyclingprozess werden Elektrizität und Prozesswasser berücksichtigt, während als Outputs Aluminiumschrott und Deponieabfälle entstehen [98, 128].

Auch beim Recycling von Polyethylen musste auf unterschiedliche Quellen zurückgegriffen werden. Der spezifische Endenergieeinsatz für Kunststoffe beträgt laut [1] 450 kWh/t – aufgrund der höheren Zerkleinerungsarbeit etwa das Neunfache von Metall und Papier.

Tab. 4.5 Recycling des Pumpspeichers

Material/Rohstoff	Recycelter Anteil	Quelle
	Input Recycling	
el. Energie	$12{,}6 \cdot 10^{0}\,\frac{\mathrm{MJ}}{\mathrm{MWh}}$	–
Treibstoff	$2{,}36 \cdot 10^{-2}\,\frac{\mathrm{kg}}{\mathrm{MWh}}$	–
Prozesswasser	$1{,}52 \cdot 10^{0}\,\frac{\mathrm{kg}}{\mathrm{MWh}}$	–
metall. Koks	$2{,}45 \cdot 10^{-3}\,\frac{\mathrm{kg}}{\mathrm{MWh}}$	–
	Output Recycling	
Aluminium	$6{,}24 \cdot 10^{-4}\,\frac{\mathrm{kg}}{\mathrm{MWh}}$	[98, 128]
Beton C30/37	$6{,}74 \cdot 10^{0}\,\frac{\mathrm{kg}}{\mathrm{MWh}}$	[29, S. 53, 127, S. 5]
Bronze	$2{,}69 \cdot 10^{-4}\,\frac{\mathrm{kg}}{\mathrm{MWh}}$	[129]
Polyethylen	$5{,}55 \cdot 10^{-4}\,\frac{\mathrm{kg}}{\mathrm{MWh}}$	[1, S. 17]
Kupfer	$7{,}35 \cdot 10^{-3}\,\frac{\mathrm{kg}}{\mathrm{MWh}}$	[129]
legierter Stahl	$8{,}88 \cdot 10^{-4}\,\frac{\mathrm{kg}}{\mathrm{MWh}}$	[99]
Messing	$3{,}24 \cdot 10^{-6}\,\frac{\mathrm{kg}}{\mathrm{MWh}}$	[129]
Stahl	$1{,}82 \cdot 10^{0}\,\frac{\mathrm{kg}}{\mathrm{MWh}}$	GaBi

Die Verwertungsquote wird vom Umweltbundesamt mit 46,6 % angegeben [128]. Im *GaBi*-Modell wird für Polyethylen daher lediglich der theoretisch wiederverwertbare Anteil abgebildet, ohne die durch den Recyclingprozess entstehenden Umweltauswirkungen zu berücksichtigen.

Für Beton gibt das Umweltbundesamt den Anteil von Altbeton an der Produktion von „ressourcenschonendem Beton“ mit 35 Vol-% an [127, S. 5]. Dieser Wert wird zur Berechnung der recycelbaren Betonmasse im Modell herangezogen. Energie- und Wasserbedarf für den Recyclingprozess von Normalbeton C30/37 werden aus der ökologischen Prozessbetrachtung der Brandenburgischen Technischen Universität Cottbus übernommen [29, S. 53]. Wie bei Polyethylen werden im Modell nur die wiederverwertbaren Mengen berücksichtigt, ohne die Umweltwirkungen des Recyclingprozesses selbst (z. B. Abgase, Abwasser, Stoffeinträge) zu erfassen.

Bronze und Messing sind Legierungen mit Kupfer als Hauptbestandteil. Für deren Recycling wird auf den Kupfer-Recyclingprozess der ProBas-Datenbank des Umweltbundesamts zurückgegriffen [129]. Dabei wird ein wiederverwertbarer Kupferanteil von ca. 36 % angenommen. Zusätzlich werden Elektrizitäts- und Koksbedarf sowie Angaben zu Treibhausgas-, Staub-, Stickstoff- und Schwefelemissionen berücksichtigt, sodass durch das Recycling von Bronze, Messing und Kupfer ein Teil der Umweltauswirkungen erfasst werden kann. Für legierten Edelstahl liefert die Ökobaudat-Datenbank die Recyclingdaten. Demnach können 95 % des verwendeten Edelstahls verwertet werden, die restlichen 5 % müssen deponiert werden [99]. Auch hier werden als Eingangsgrößen Elektrizität und Prozesswasser berücksichtigt, während der Output auf Deponieabfälle begrenzt ist. Abbruchmaterialien und Transformatorenöl werden nicht wiederverwertet, sondern direkt deponiert.

Bis auf Stahl sind keine vollständigen Recyclingprozesse innerhalb von *GaBi* verfügbar. Die fehlenden Daten wurden aus mehreren Quellen zusammengeführt, wodurch eine optimistische Abschätzung der Recyclingquoten entsteht. Abgebildet werden der Energiebedarf für die Recyclingprozesse sowie der Einsatz von Nebenprodukten wie Koks und Prozesswasser. Die Umweltauswirkungen des Recyclingprozesses selbst sind jedoch aufgrund fehlender Daten unterrepräsentiert. Die Implementierung des Recyclings im Pumpspeichermodell ermöglicht dennoch Aussagen über die Einsparung von Primärressourcen, die Reduktion der Umweltauswirkungen durch verringerten Erzabbau und den Anteil des Recyclings am Gesamtenergiebedarf.

4.6 Lebenszyklusanalyse Batteriespeicher

Mit dem Ausbau von Anlagen zur Stromerzeugung aus erneuerbaren Energien ist das Stromsystem nicht nur volatiler, sondern auch dezentraler geworden. Letzteres wurde durch Onshore-Windkraftanlagen, insbesondere jedoch durch Aufdach-Photovoltaikanlagen, begünstigt. Die Förderung der Elektromobilität hat die Bedeutung von Batteriespeichern zusätzlich verstärkt. Dementsprechend ist der Markt für stationäre Batteriespeichersysteme (BSS) in der letzten Dekade stark gewachsen. BSS werden für die Eigenbedarfsoptimierung in Haushalten, für Arbitragegeschäfte sowie zur Bereitstellung von Systemdienstleistungen eingesetzt. Bei Letzteren liegt der Fokus aufgrund der hohen Flexibilität auf der Primärregelleistung.

Figgener et al. unterteilen BSS in drei Kategorien: Heimspeichersysteme (HSS) mit Kapazitäten $\leq$ 30 kWh, Industriespeichersysteme (ISS) mit Kapazitäten zwischen 30 kWh und 1 MWh sowie Großspeichersysteme (Large Scale Storage Systems, LSS) mit mindestens 1 MWh Speicherkapazität und bis zu 10 MW Leistung bzw. 10 MWh Kapazität [61]. Heimspeichersysteme sind in der Regel an der Niederspannungsebene angeschlossen und dienen in Verbindung mit Aufdach-Photovoltaik der Eigenbedarfsoptimierung. Industriespeichersysteme sind sowohl an der Nieder- als auch an der Mittelspannungsebene angeschlossen; ihr Einsatzzweck hängt stark vom jeweiligen Industriezweig ab. Großspeichersysteme sind an Mittel- und Hochspannung angeschlossen und werden primär zur Bereitstellung von Primärregelleistung eingesetzt [62].

Im Jahr 2022 waren ca. 3,54 GWh/1,94 GW an HSS, 170 MWh/84 MW an ISS sowie 750 MWh/619 MW an LSS installiert. Sowohl hinsichtlich der absolut installierten Leistung und Kapazität als auch bezüglich der jährlichen Zuwachsraten dominieren Heimspeichersysteme. Die Zuwachsraten von ISS steigen ebenfalls stetig, allerdings ist der Markt insgesamt klein. Zwischen 2015 und 2018 verzeichneten LSS den stärksten Zubau, bedingt durch die Öffnung des Primärregelleistungsmarkts. Seitdem stagnieren die Zubauraten tendenziell, was darauf hinweist, dass LSS hauptsächlich in der Primärregelleistung eingesetzt werden und der Markt dort gesättigt ist. Die Lithium-Ionen-Technologie dominiert mit 98 % bei HSS und 95 % bei ISS. Auch im LSS-Sektor liegt der Anteil von Lithium-Ionen-Batterien mit 80 % sehr hoch. Der Trend zu Lithium-Ionen-Batterien setzte sich zwischen 2017 und 2019 weiter durch. Der vergleichsweise größere Anteil anderer Technologien in LSS ist auf zahlreiche Forschungsprojekte zurückzuführen [61].

Die größte Batterie Deutschlands war 2014 der Speicher der Westmecklenburgischen Energieversorgungs AG (WEMAG) in Schwerin mit 5 MW Leistung und 5 MWh Kapazität, realisiert mit 25.000 Lithium-Ionen-Modulen. 2017 wurde die Anlage erweitert: Die präqualifizierte Leistung verdoppelte sich, die Kapazität wurde verdreifacht [134].

Im Mai 2019 wurde in Cremzow, Brandenburg, durch ENEL Green Power, ENERTRAG und Leclanché ein Speicher mit 22 MW Leistung und 38,4 MWh Kapazität in Betrieb genommen, für den 5280 Module verbaut wurden [58]. 2018 wurde das Großspeichersystem Jardelund in Schleswig-Holstein durch Eneco und Mitsubishi eingeweiht. Mit 48 MW Leistung und 50 MWh Kapazität war es bis dato der größte Batteriespeicher; hierfür wurden 10.000 einzelne Lithium-Ionen-Batterien eingesetzt [107].

Die mit Abstand größte Batterie wird Ende 2022 vom Übertragungsnetzbetreiber TransnetBW geplant: Der „Netzbooster" in Kupferzell (Baden-Württemberg) soll 250 MW Leistung und 250 MWh Kapazität erhalten. Ziel ist es, Engpässe im Übertragungsnetz zu bewältigen und das Einhalten des n-1-Kriteriums[5] zu gewährleisten. Fällt eine Netzkomponente bei Volllast aus, wird die Einspeisung vor dem Engpass reduziert, während der im Netzbooster gespeicherte Strom eingespeist wird, sodass die thermische Grenze des Stromkreises eingehalten wird. Der Speicher wird anschließend durch Schaltmaßnahmen, Einspeisemanagement oder konventionellen Redispatch abgelöst.

Aufgrund der höheren Sicherheit durch geringere Energiefreisetzung im Brandfall, der Umweltfreundlichkeit und Nachhaltigkeit durch Verzicht auf Schwermetalle (Nickel, Kobalt), der Leistungsfähigkeit durch schnelle Be- und Entladung sowie der hohen Lebensdauer durch Zyklenfestigkeit wird ein Lithium-Eisenphosphat-Speicher (LFP) realisiert [125].

4.6.1 Auslegung, Dimensionierung und Systemgrenzen des Fallbeispiels Batteriespeicher

Die Auslegung und Dimensionierung des Fallbeispiels orientiert sich an dem Pumpspeichermodell. Eine Übersicht der in der Lebenszyklusanalyse für den Batteriespeicher verwendeten Kenndaten ist in Tab. 4.6 dargestellt, die detaillierte Berechnung ist dem Anhang von [9] zu entnehmen. Für stationäre Anwendungen wie z. B. der unterbrechungsfreien Stromversorgung (USV) oder an Sendemasten der Telekommunikation wurden bis 2015 überwiegend Blei-Säure-Batterien eingesetzt. Nickel-Metallhydrid- und Nickel-Cadmium-

---

[5] Das n-1-Kriterium bedeutet, dass bei Ausfall einer Komponente durch Redundanz der Ausfall des Gesamtsystems verhindert wird.

Tab. 4.6 Kenndaten des Batteriespeichermodells

Leistung	Kapazität	Wirkungsgrad	Vollzyklen pro Jahr	ausgespeicherte el. Energie
400 MW	400 MWh	90 %	1063	152.315 MWh/a

Batterien kamen hauptsächlich in mobilen und portablen Bereichen wie Hybridfahrzeugen, Powertools oder elektrischen Kleingeräten zum Einsatz. In den Bereichen des stationären Einsatzes, die vor allem im Zusammenhang mit der Nutzung erneuerbarer Energien relevant wurden, fanden zunehmend auch andere Batterietypen Anwendung, wie z. B. Lithium-Ionen-, Natrium-Hochtemperatur- und Redox-Flow-Batterien.

Natrium-Hochtemperaturbatterien verwenden kostengünstig verfügbare Materialien und weisen eine vergleichsweise hohe Energiedichte auf. Nachteile sind das aufwändige Wärmemanagement und – aufgrund des hochreaktiven flüssigen Natriums – problematische Sicherheitsaspekte.

Der wesentliche Vorteil von Redox-Flow-Batterien besteht in der Trennung der zentralen Reaktionseinheit für den Lade- bzw. Entladebetrieb von der Speichereinheit. Der Energieinhalt der Batterie wird durch die Konzentration der Redox-Paare im Elektrolyten sowie deren Menge bzw. Tankgröße bestimmt, während die Dimensionierung der Reaktionseinheit die Leistung der Batterie vorgibt. Leistung und Speicherkapazität können unabhängig voneinander skaliert werden. Aufgrund dieser Eigenschaft eignet sich die Redox-Flow-Batterie (RFB) besonders für längerfristige Speicherbedarfe (mehrere Stunden), hat jedoch vergleichsweise geringe Energie- und Leistungsdichten [136, S. 158, 167–18, 172, 174].

Seit 2015 ist nicht nur der Zubau an Batteriespeichern insgesamt gestiegen, es zeichnet sich auch ein klarer Trend zu Lithium-Ionen-Batterien (LIB) ab [61]. Während vor 2015 der Zubau überwiegend aus Blei-Säure-Batterien bestand, werden seit 2015 fast ausschließlich LIB installiert. Seit 2017 entfallen 95–98 % der neuen Speicherkapazitäten auf LIB [64]. Auch die zuvor genannten Großbatteriespeicher basieren auf LIB.

Bei LIB besteht das Anodenmaterial in der Regel aus synthetischem Graphit, während je nach Einsatzbereich unterschiedliche Kathodenmaterialien zum Einsatz kommen. Neben Eisen werden Kobalt, Nickel, Mangan und deren Übergangsmetalloxide verwendet. Ein höherer Nickelanteil steigert die Kapazität der Batterie, ein höherer Kobaltanteil erhöht die Stabilität, während Mangan die Sicherheit verbessert [136, S. 162].

Unter den LIB gewinnen Lithium-Eisenphosphat-Batterien (LFP, $LiFePO_4$) – trotz geringerer Energie- und Leistungsdichten – zunehmend Marktanteile [136, S. 162]. Sie sind chemisch und thermisch stabil, zyklenfest, preiswert, ungiftig und temperaturbeständig bis 100 °C. LFP-Batterien sind widerstandsfähig gegen Überladung und Kurzschlüsse, brennen nicht, setzen keinen Sauerstoff frei und neigen nicht zum Durchbrennen [89, S. 194].

Für Eisen als Kathodenmaterial sprechen die nahezu unerschöpfliche Verfügbarkeit, das Fehlen von Gefahren- und Sicherheitshinweisen [116, S. 90], geringe Materialkosten sowie die gute Umweltverträglichkeit [136, S. 162]. Die im Vergleich zu anderen LIB-Technologien geringere Energie- und Leistungsdichte spielt bei stationären Anwendungen eine untergeordnete Rolle, weshalb LFP-Batterien besonders attraktiv sind. Die Sicherheit, Lebensdauer, Umweltfreundlichkeit und der Verzicht auf Schwermetalle wie Nickel und Kobalt waren entscheidende Argumente für den Einsatz als LFP-Batterie im 250 MW-Netzbooster der TransnetBW [125, S. 10]. Aus diesem Grund wurde auch für die Modellierung der Lebenszyklusanalyse eine LFP-Batterie ausgewählt.

Die Daten basieren auf einem real existierenden Batteriespeicher mit 2,5 MW Leistung und 2,5 MWh Speicherkapazität, der für das Modell hochskaliert wurde. Um die gleiche auszuspeichernde elektrische Energiemenge wie beim Pumpspeichermodell über die Lebensdauer zu erreichen, müssten 167,5 MWh Batteriespeicherkapazität installiert werden (s. Anhang [9]). Das Pumpspeichermodell hat ein Leistung-zu-Kapazität-Verhältnis von 1:5, während große Batteriespeicher ein Verhältnis von 1:1 aufweisen. Um der vergleichsweise großen Speicherkapazität des Referenz-Pumpspeichers gerecht zu werden, wurde die Batterie auf 400 MW Leistung und 400 MWh Speicherkapazität hochskaliert, was zu einer doppelten Überdimensionierung der Leistung bei weniger als der halben Speicherkapazität führt. Aufgrund der Modularität des Batteriespeichers sind die Ergebnisse in erster Näherung linear skalierbar.

Ein einzelner Batteriecontainer verfügt über 2,5 MW Leistung und 2,5 MWh Speicherkapazität. Mit aus Literaturwerten ermittelten Mittelwerten für Vollzyklen ergeben sich ca. 1063 Vollzyklen pro Jahr, was einer Speicherkapazität von 2657,5 MWh pro Container und Jahr entspricht. Die ausgespeicherte Strommenge über die Lebensdauer ist identisch.

Wie beim Pumpspeicher wird ein bestehender Netzanschluss vorausgesetzt. Das Modell besteht daher aus zwei Wechselrichtern und den Batteriecontainern, die miteinander verkabelt sind. Ein Batteriecontainer umfasst die modularen Batteriezellen, die Klimaanlage, das Batteriemanagementsystem sowie die Leittechnik. Neben dem Wechselrichter beinhaltet der Container auch den Transformator. Die Container sind als 40-Fuß-ISO-Container ausgeführt. Die Lebensdauer des Batteriespeichersystems beträgt 10 Jahre.

Die im Batteriespeichermodell verwendeten Baugruppen sind in Abb. 4.8 dargestellt. Betrachtet werden der Wechselrichtercontainer, welcher den Wechselrichter enthält, sowie der Batteriecontainer, der die eigentlichen Batteriemodule enthält. Entsprechend dem Pumpspeicher soll das Batteriespeichersystem eine Lebensdauer von 100 Jahren haben. Aktuelle Batteriespeichersysteme werden ca. 10 Jahre betrieben, bevor sie erneuert werden müssen. Es wird angenommen, dass alle Komponenten des Batteriespeichers die gleiche Lebensdauer haben, so dass das Batteriespeichersystem in 100 Jahren 10 mal erneuert werden muss, siehe Tab. 4.7.

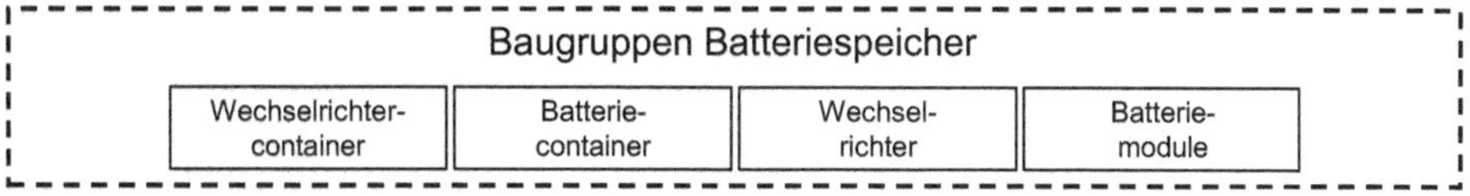

Abb. 4.8 Baugruppen des Fallbeispiel Batterie

Tab. 4.7 Lebensdauer der Komponenten des Batteriespeichers

Komponente	Lebensdauer	Anzahl über 100 Jahre
Batteriecontainer	10 a	10
Wechselrichter	10 a	10
Verkabelung	10 a	10

4.6.2 Festlegung des Ziels und des Untersuchungsrahmens

Ziel der Lebenszyklusanalyse

Ziel der Lebenszyklusanalyse des Batteriespeichers ist eine möglichst realitätsnahe Abschätzung der ausgewählten Umweltauswirkungen, die bei Errichtung, Betrieb und Recycling auftreten. In den Abschn. 4.6 und 4.6.1 wurden die unterschiedlichen Batteriespeichertechnologien kurz beschrieben und ausgewählte Projekte vorgestellt. In Anlehnung an bestehende Projekte wird ein LFP-Batteriespeicher modelliert. Es wird angenommen, dass dieser – ähnlich wie der modellierte Pumpspeicher – auf bestehende Infrastrukturen zurückgreifen kann. Die Auslegung erfolgt auf Basis von Literaturdaten; der Fokus liegt auf der ausgespeicherten elektrischen Energie, während etwaige erbrachte Systemdienstleistungen nicht berücksichtigt werden.

4.6.3 Funktionelle Einheit

Die funktionelle Einheit des Batteriespeichers ist die ausgespeicherte elektrische Energie von 15.213.500 MWh pro Jahr über 100 Jahre in Süddeutschland.

4.6.4 Systemgrenze

Die Systemgrenze des Batteriemodells ist in Abb. 4.9 dargestellt und umfasst die Phasen Bau, Betrieb und Recycling. Alle weiteren Annahmen hinsichtlich der Systemgrenze sind identisch mit der des Pumpspeichers und in Abschn. 4.5.2 nachzulesen.

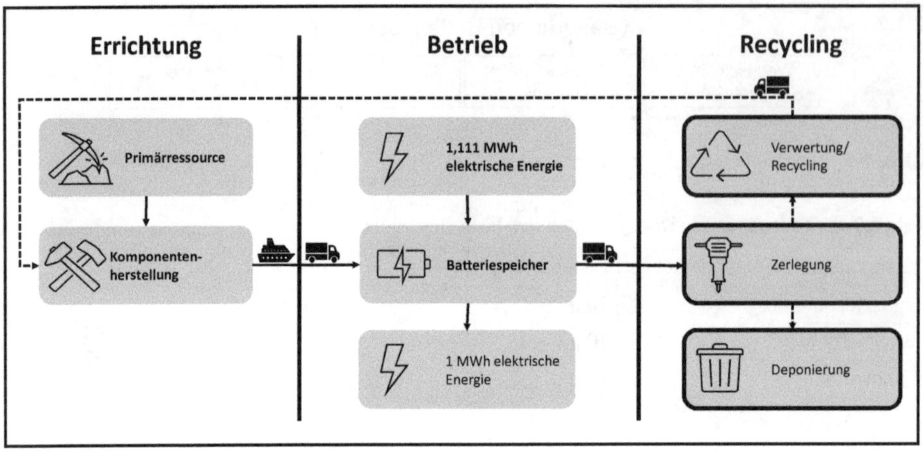

Abb. 4.9 Systemgrenze des Batteriespeichers

4.6.5 Sachbilanz

In den vorangegangenen Abschnitten wurden die im Rahmen der Lebenszyklusanalyse des Batteriespeichers betrachteten Baugruppen vorgestellt, und deren angenommene Lebensdauer ist in Tab. 4.7 aufgeführt. Für jede Baugruppe sind die verwendeten Materialien sowie deren Massen bekannt. Durch Multiplikation mit der über 100 Jahre benötigten Anzahl lassen sich alle erforderlichen Rohstoffmassen berechnen. Ausgehend von den Baugruppen werden die Materialien nach Rohstoffarten sortiert und die Massen durch die funktionelle Einheit geteilt, sodass die Sachbilanz gemäß Tab. 4.8 dargestellt werden kann. Diese Daten dienen als Eingangsgrößen für die Modellierung des Batteriespeichers in der Software GaBi.

Für die Betriebsphase wird der einzuspeichernde Strom auf Basis der funktionellen Einheit und des ermittelten Wirkungsgrads auf 1,111 MWh pro 1 MWh auszuspeicherndem Strom berechnet. In Tab. 4.9 sind die recycelbaren Anteile der verwendeten Primärrohstoffe sowie die zum Recycling benötigten Energieträger und Nebenprodukte aufgeführt. Die Software GaBi stellt ausschließlich für Stahl einen vollständigen Recyclingprozess bereit, sodass nur hierfür die vollständigen Umweltauswirkungen berücksichtigt werden können. Für alle anderen in der Batterie verwendeten Rohstoffe wurde auf öffentlich zugängliche Prozessdatenbanken oder Literaturwerte zurückgegriffen. So wird für das Recycling von Aluminium und dem Kältemittel R410a auf die Ökobaudat-Datenbank verwiesen, die eine Wiederverwertbarkeit von 95 % bzw. 78,4 % angibt. Wie auch beim Pumpspeicher werden für die im Batteriespeicher verwendeten Kunststoffe Polyamid, Polyester und Polyethylen Literaturwerte verwendet, welche den spezifischen Energieeinsatz mit 450 kWh/t und eine Verwertungsquote von 46,6 % angeben [1, 128]. Gemäß dem Umweltbundesamt können 35 Vol.-% des Altbetons [127, S. 5] sowie 36 % des Kupfers [129] wiederverwendet werden. Nach Stahl et al. [116, S. 209] lassen sich 70 % des verwendeten Lithiums recyceln.

Tab. 4.8 Sachbilanz des Batteriespeichers

Material/Rohstoff	Bedarf über 100 Jahre	Bedarf je MWh
	Input Bau	
Aluminium	$7{,}68 \cdot 10^6$ kg	$5{,}04 \cdot 10^{-1}\ \frac{\text{kg}}{\text{MWh}}$
Beton C30/37	$4{,}67 \cdot 10^7$ kg	$3{,}07 \cdot 10^{-1}\ \frac{\text{kg}}{\text{MWh}}$
Eisen	$3{,}59 \cdot 10^6$ kg	$2{,}36 \cdot 10^{-1}\ \frac{\text{kg}}{\text{MWh}}$
Ethylencarbont	$5{,}39 \cdot 10^6$ kg	$3{,}54 \cdot 10^{-2}\ \frac{\text{kg}}{\text{MWh}}$
Glykol	$4{,}45 \cdot 10^5$ kg	$2{,}92 \cdot 10^{-2}\ \frac{\text{kg}}{\text{MWh}}$
Graphit	$5{,}33 \cdot 10^6$ kg	$3{,}5 \cdot 10^{-1}\ \frac{\text{kg}}{\text{MWh}}$
Kupfer	$1{,}29 \cdot 10^7$ kg	$8{,}47 \cdot 10^{-1}\ \frac{\text{kg}}{\text{MWh}}$
Lithium	$4{,}46 \cdot 10^5$ kg	$2{,}93 \cdot 10^{-2}\ \frac{\text{kg}}{\text{MWh}}$
Lithiumhexafluorophosphat	$9{,}52 \cdot 10^5$ kg	$6{,}25 \cdot 10^{-2}\ \frac{\text{kg}}{\text{MWh}}$
Phosphor	$1{,}99 \cdot 10^6$ kg	$1{,}31 \cdot 10^{-1}\ \frac{\text{kg}}{\text{MWh}}$
Polyamid	$1{,}94 \cdot 10^6$ kg	$1{,}27 \cdot 10^{-1}\ \frac{\text{kg}}{\text{MWh}}$
Polyester	$1{,}20 \cdot 10^6$ kg	$7{,}88 \cdot 10^{-2}\ \frac{\text{kg}}{\text{MWh}}$
Polyethylene	$1{,}70 \cdot 10^6$ kg	$1{,}11 \cdot 10^{-1}\ \frac{\text{kg}}{\text{MWh}}$
R410a	$4{,}00 \cdot 10^3$ kg	$2{,}63 \cdot 10^{-4}\ \frac{\text{kg}}{\text{MWh}}$
Sauerstoff	$4{,}11 \cdot 10^6$ kg	$2{,}70 \cdot 10^{-1}\ \frac{\text{kg}}{\text{MWh}}$
Stahl	$5{,}47 \cdot 10^7$ kg	$3{,}59 \cdot 10^{-0}\ \frac{\text{kg}}{\text{MWh}}$
Transformatorenöl	$2{,}40 \cdot 10^7$ kg	$1{,}58 \cdot 10^{-0}\ \frac{\text{kg}}{\text{MWh}}$
Diesel	–	$2{,}65 \cdot 10^{-2}\ \frac{\text{kg}}{\text{MWh}}$
Schweröl	–	$3{,}46 \cdot 10^{-2}\ \frac{\text{kg}}{\text{MWh}}$
	Output Bau	
Batteriespeicher	$1{,}73 \cdot 10^8$ kg	$1{,}14 \cdot 10^1\ \frac{\text{kg}}{\text{MWh}}$

Der für das Recycling einer LFP-Batterie benötigte Energieaufwand wird von Mohr et al. [93] mit 1,66 MWh/t angegeben. Die Betrachtung des Recyclings im Batteriespeichermodell ermöglicht Aussagen über die theoretisch mögliche Einsparung von Primärressourcen, nicht jedoch über die durch den Recyclingprozess entstehenden Umweltauswirkungen, da diese im manuell erstellten Prozess nicht hinreichend abgebildet werden können.

4.7 Lebenszyklusanalyse Wasserstoffspeicher

Wasserstoff kann aus Kohlenwasserstoffen, in Form von fossilen Energieträgern oder Biomasse, oder direkt aus Wasser gewonnen werden. Bei letzterem können verschiedene Verfahren wie Elektrolyse, thermochemische, photobiologische oder photokatalytische Verfahren

Tab. 4.9 Recycling des Batteriespeichers

Material/Rohstoff	Recycelter Anteil	Quelle
	Input Recycling	
el. Energie	$4{,}63 \cdot 10^{0} \frac{MJ}{MWh}$	–
Treibstoff	$9{,}46 \cdot 10^{-3} \frac{kg}{MWh}$	–
Prozesswasser	$2{,}44 \cdot 10^{-1} \frac{kg}{MWh}$	–
metall. Koks	$1{,}68 \cdot 10^{-1} \frac{kg}{MWh}$	–
	Output Recycling	
Aluminium	$4{,}79 \cdot 10^{-1} \frac{kg}{MWh}$	[98, 128]
Beton C30/37	$1{,}08 \cdot 10^{0} \frac{kg}{MWh}$	[29, S. 53, 127, S. 5]
Kupfer	$5{,}23 \cdot 10^{-1} \frac{kg}{MWh}$	[129]
Lithium	$2{,}05 \cdot 10^{-2} \frac{kg}{MWh}$	[93, 116, S. 209]
Polyamid	$5{,}92 \cdot 10^{-2} \frac{kg}{MWh}$	[1, 128]
Polyester	$3{,}67 \cdot 10^{-2} \frac{kg}{MWh}$	[1, 128]
Polyethylen	$5{,}17 \cdot 10^{-2} \frac{kg}{MWh}$	[1, S. 17]
R410a	$2{,}06 \cdot 10^{-4} \frac{kg}{MWh}$	[97]
Stahl	$3{,}41 \cdot 10^{0} \frac{kg}{MWh}$	GaBi

eingesetzt werden [122, S. 5]. Aufgrund der energiewirtschaftlichen Relevanz werden in dieser Arbeit ausschließlich PEM-Elektrolyseverfahren betrachtet.

Heute wird Wasserstoff als wesentlicher Grundstoff in der chemischen Industrie eingesetzt. Der größte Anteil des produzierten Wasserstoffs wird für die Ammoniaksynthese und in Raffinerien verwendet, gefolgt von der Methanolherstellung. Im Haber-Bosch-Verfahren werden Wasserstoff und Stickstoff zu Ammoniak verarbeitet, welcher als Basischemikalie für die Herstellung von Harnstoff und weiteren stickstoffbasierten Düngemitteln dient. In Erdölraffinerien wird Wasserstoff in Hydrierprozessen eingesetzt, um schwere Rohölfraktionen aufzubrechen und leichtere Fraktionen herzustellen. Zudem werden unerwünschte Elemente wie Schwefel, Stickstoff und Metall durch das sogenannte „Hydrotreating" entfernt. In der Methanolsynthese reagiert ein Synthesegas, bestehend in der Regel aus Wasserstoff, Kohlenmonoxid und Kohlendioxid, zu Methanol, welches als Ausgangsstoff für die Produktion weiterer chemischer Produkte dient. Über diese Hauptanwendungen hinaus wird Wasserstoff in zahlreichen weiteren Industrieprozessen eingesetzt, unter anderem in der Stahlerzeugung, der Fett- und Ölhydrierung, der Flachglasherstellung sowie in der Metallverarbeitung. Der überwiegende Teil des industriell genutzten Wasserstoffs wird am Ort der Nutzung erzeugt und direkt verbraucht oder in der Nähe produziert und per Rohrleitung transportiert.

Gegenwärtig basiert 95 % des produzierten Wasserstoffs auf fossilen Quellen, wobei Erdgas mit 49 % den wichtigsten Ausgangsstoff darstellt. Darüber hinaus werden flüssige Kohlenwasserstoffe, Petrolkoks und Kohle eingesetzt [122, S. 189–193].

Mit der Veröffentlichung der nationalen Wasserstoffstrategie im Juni 2020 ist Wasserstoff verstärkt in den Fokus der Öffentlichkeit gerückt. Neben der Rolle für die Energiewende und als Grundlage klimaneutraler Stromerzeugung wird Wasserstoff als alternative Option zu den bisher eingesetzten fossilen Energieträgern betrachtet, insbesondere für gasförmige und flüssige Energieträger. Neben industriellen Anwendungen soll Wasserstoff auch als Energieträger in der wasserstoffbasierten Mobilität, beispielsweise in Brennstoffzellen oder als Ausgangsstoff für synthetische Kraft- und Brennstoffe, eingesetzt werden. In Bereichen, in denen Strom aus erneuerbaren Energien nicht direkt genutzt werden kann, soll grüner Wasserstoff sowie seine Folgeprodukte (Power-to-X) zur Dekarbonisierung beitragen, unter dem Stichwort Sektorkopplung. Außerdem kann Wasserstoff als flexibler Energiespeicher dienen, um Angebot und Nachfrage auszugleichen [35]. Vor der Veröffentlichung der Wasserstoffstrategie existierten Power-to-X-to-Power-Energiespeicher nur in kleinem Maßstab, mit Elektrolyseuren von 100 kW bis 2 MW, unterschiedlichen Speichermedien wie Druckspeicherung oder flüssigen Wasserstoffträgern (liquid organic hydrogen carrier, LOHC) und Ausspeichereinheiten wie Brennstoffzellen oder wasserstoffbetriebenen Blockheizkraftwerken. Diese Projekte waren größtenteils Forschungsprojekte [108].

Mit der Verkündung der nationalen Wasserstoffstrategie wurden mehrere Forschungsprojekte initiiert, die eine flächendeckende Wasserstoffversorgung zum Ziel haben. Die Projekte sollen kurzfristige Elektrolyseurleistungen von 100 MW bis perspektivisch 2 GW bereitstellen. Insgesamt sind etwa 17 GW an Elektrolyseurleistung geplant, davon weniger als 1 % im Süden Deutschlands [32].

4.7.1 Auslegung, Dimensionierung und Systemgrenzen des Fallbeispiels Wasserstoffspeicher

Die Auslegung und Dimensionierung des Fallbeispiels orientiert sich an dem Pumpspeichermodell. Eine Übersicht der in der Lebenszyklusanalyse für den Wasserstoffspeicher verwendeten Kenndaten ist in Tab. 4.10 dargestellt, die detaillierte Berechnung ist dem Anhang von [9] zu entnehmen. Die unterschiedlichen Elektrolyseverfahren wurden in Abschn. 3.3.3 detailliert vorgestellt. Während sich die Hochtemperaturelektrolyse noch im Forschungsstadium befindet und derzeit nur eine geringe Praxisrelevanz hat, ist absehbar, dass sich zukünftig alkalische und PEM-Elektrolyseure durchsetzen werden. Alkalische Elektrolyseure sind eine etablierte Technologie, weisen relativ niedrige Systemkosten auf, besitzen eine hohe Langzeitstabilität und benötigen keine seltenen Edelmetalle. Demgegenüber stehen ein begrenzter Teillastbereich, die Systemgröße und deren Komplexität, eine aufwendige Gasreinigung sowie ein korrosiver flüssiger Elektrolyt. Alkalische Elektrolyseure werden

Tab. 4.10 Kenndaten des Wasserstoffspeicher-Modells

Leistung	Kapazität	Wirkungsgrad	Volllaststunden	Ausgesp. el. Energie
80 MW (GuD) & 90 MW (H_2)	400 MWh	60 % & 60 %	3500	152.315 MWh/a

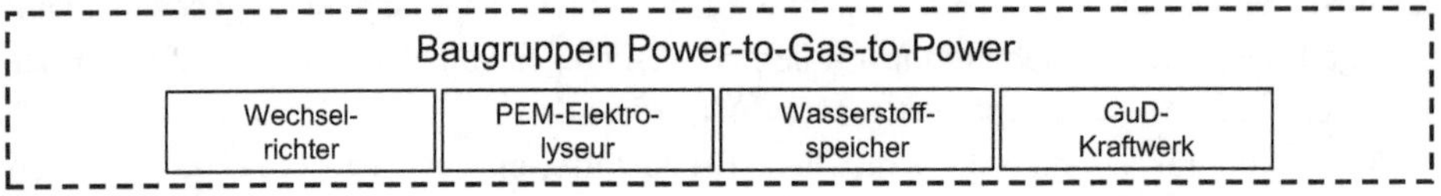

Abb. 4.10 Baugruppen des Fallbeispiels Wasserstoffspeicher

dort eingesetzt, wo günstiger und wenig fluktuierender Strom verfügbar ist, und werden zukünftig die Grundlasterzeugung von Wasserstoff abdecken.

PEM-Elektrolyseure zeichnen sich durch einen hohen Wirkungsgrad, einen einfachen und modularen Systemaufbau sowie gute Teillastfähigkeit aus. Demgegenüber stehen eine korrosive Umgebung und hohe Investitionskosten aufgrund der kostenintensiven Komponenten. PEM-Elektrolyseure kommen insbesondere dort zum Einsatz, wo der Eingangsstrom fluktuierend ist [122, S. 220].

Das in diesem Kapitel verwendete Beispiel leitet sich von einem real existierenden Fuel-Switch-Projekt ab. Dabei soll ein GuD-Heizkraftwerk[6] im nördlichen Baden-Württemberg sukzessive vom Methan- auf den vollständigen Wasserstoffbetrieb umgestellt werden. Auf Basis dieses Beispiels wird – wie in Abb. 4.10 dargestellt – angenommen, dass der Wasserstoff auf dem Werksgelände durch PEM-Elektrolyse hergestellt, vor Ort in Edelstahltanks gespeichert und anschließend im GuD-Kraftwerk wieder verstromt wird. Aufgrund der bestehenden Infrastruktur auf dem Werksgelände wird auch in diesem Beispiel angenommen, dass ein Netzanschluss vorhanden ist. Der Elektrolyseur verfügt über eine Leistung von 90 MW während die Speicherkapazität 400 MWh beträgt. Da der Standort über keine nicht-fluktuierende Quelle erneuerbarer Energie verfügt, wird angenommen, dass der für den Elektrolyseur verwendete Strom fluktuierend ist. Der Elektrolyseur wird aufgrund der besseren Teillastfähigkeit sowie der Verfügbarkeit von Daten als PEM-Elektrolyseur ausgeführt. Es wird ferner angenommen, dass das GuD-Kraftwerk in diesem Beispiel vollständig stromgeführt betrieben wird und eine Leistung von 90 MW besitzt.

Analog zum Pumpspeicher wird für den Wasserstoffspeicher eine Lebensdauer von 100 Jahren unterstellt. Die Lebensdauer der betrachteten Komponenten ist in Tab. 4.11 darge-

6 Bei einem Gas- und Dampfturbinenkraftwerk (GuD-Kraftwerk) wird einem Gasturbinenkraftwerk ein Dampfkraftwerk nachgeschaltet. Das Dampfkraftwerk nutzt die Hochtemperaturabwärme zur Verdampfung von Wasser. Im Gegensatz zu einem klassischen Kraftwerk, bei dem die Wärme vollständig zur Stromerzeugung genutzt wird, wird in einem Heizkraftwerk ein Teil der Wärme ausgeleitet und in diesem Fall als Fernwärme genutzt.

Tab. 4.11 Lebensdauer der Komponenten des Wasserstoffspeichers

Komponente	Lebensdauer	Anzahl über 100 Jahre
Elektrolyseur-Stack	10 a	10
BoP	20 a	5
Wechselrichter	10 a	10
Wasserstoffspeicher	20 a	5
GuD-Kraftwerk	30 a	3,33

stellt. Alle Komponenten müssen im betrachteten Zeitraum mindestens dreimal ausgetauscht werden.

4.7.2 Festlegung des Ziels und des Untersuchungsrahmens

Ziel der Lebenszyklusanalyse

Ziel der Lebenszyklusanalyse des Wasserstoffspeichers ist eine möglichst realitätsnahe Abschätzung der ausgewählten Umweltauswirkungen, die bei Errichtung, Betrieb und Recycling auftreten. In Abschn. 3.3.3 wurden die unterschiedlichen Elektrolyseverfahren vorgestellt. Ausgehend von einem geplanten Fuel-Switch-Projekt[7] wird ein PEM-Elektrolyseur modelliert, dessen erzeugter Wasserstoff in Edelstahltanks zwischengespeichert und in einem GuD-Kraftwerk verstromt wird. Dabei wird angenommen, dass auf bestehende Infrastruktur zurückgegriffen werden kann. Die Auslegung des Elektrolyseurs und der Edelstahltanks erfolgt auf Basis von Literaturdaten, während die Daten des GuD-Kraftwerks auf realen Daten basieren.

Funktionelle Einheit

Die funktionelle Einheit des Batteriespeichers ist die ausgespeicherte elektrische Energie von 15.213.500 MWh pro Jahr über 100 Jahre in Süddeutschland

Systemgrenze

Die Systemgrenze des Wasserstoffspeichermodells ist in Abb. 4.11 dargestellt und umfasst die Phasen Bau, Betrieb und Recycling. Alle weiteren Annahmen hinsichtlich der Systemgrenze sind identisch mit der des Pumpspeichers und in Abschn. 4.5.2 nachzulesen.

---

[7] Fuel-Switch bedeutet übersetzt Brennstoffwechsel und beschreibt die Möglichkeit, den ursprünglichen fossilen Energieträger durch einen klimaneutralen, regenerativen Energieträger zu ersetzen.

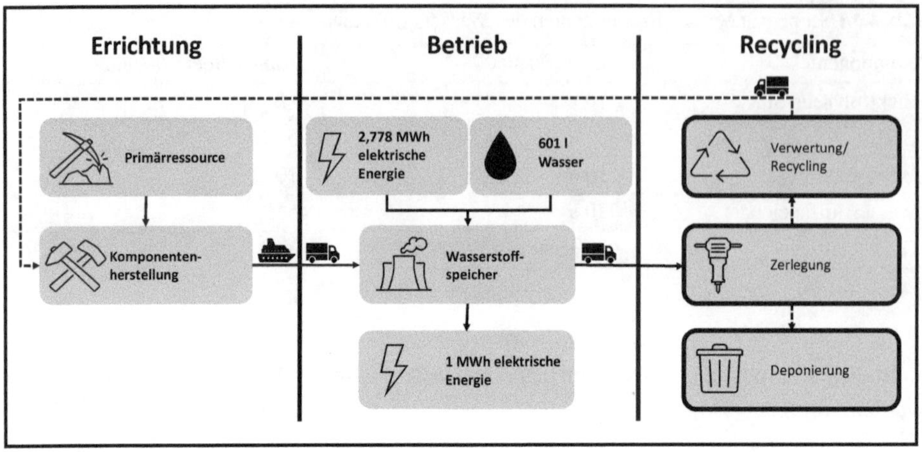

Abb. 4.11 Systemgrenze des Wasserstoffspeichers

4.7.3 Sachbilanz

Die Vorgehensweise bei der Sachbilanz entspricht derjenigen der Pump- und Batteriespeicher. Die verwendeten Materialien und deren Massen sind für den Elektrolyseur, die Wasserstofftanks sowie das GuD-Kraftwerk bekannt. Unter Berücksichtigung der in Tab. 4.11 angegebenen Lebensdauern der einzelnen Komponenten ergibt sich daraus der Materialbedarf über einen Betrachtungszeitraum von 100 Jahren, der in Tab. 4.12 dargestellt ist. Wird dieser Materialbedarf auf die funktionelle Einheit bezogen, ergibt sich der Materialeinsatz pro MWh ausgespeicherten Stroms über 100 Jahre.

In der Betriebsphase werden zusätzlich der einzuspeichernde Strom in Höhe von 2,78 MWh sowie der für die Elektrolyse erforderliche Wasserbedarf von 601 kg je MWh ausgespeicherten Stroms berücksichtigt.

In Tab. 4.13 sind die recycelbaren Anteile der verwendeten Primärrohstoffe sowie die zum Recycling benötigten Energieträger und Nebenprodukte aufgeführt. Für Stahl konnte auf einen Recyclingprozess innerhalb von GaBi zurückgegriffen werden, sodass nur für diesen die vollständigen Umweltauswirkungen berücksichtigt werden können. Für alle anderen im Wasserstoffspeicher eingesetzten Rohstoffe mussten öffentlich zugängliche Prozessdatenbanken oder Literaturwerte herangezogen werden.

Für das Recycling von Aluminium, legiertem Stahl und Edelstahl wird die Ökobaudat-Datenbank verwendet, die angibt, dass jeweils 95 % des Aluminiums sowie des legierten und des Edelstahls wiederverwertet werden können. Wie auch beim Pumpspeicher wird beim Recycling der im Wasserstoffspeicher eingesetzten Kunststoffe Polyamid, Polyester und Polyethylen auf Literaturwerte zurückgegriffen, die einen spezifischen Endenergieeinsatz von 450 kWh/t und eine Verwertungsquote von 46,6 % angeben [1, 128].

Tab. 4.12 Sachbilanz des Wasserstoffspeichers

Material/Rohstoff	Bedarf über 100 Jahre	Bedarf je MWh
	Input Bau	
Aktivkohle	$8{,}1 \cdot 10^3$ kg	$5{,}32 \cdot 10^{-4}\ \frac{kg}{MWh}$
Aluminium	$8{,}74 \cdot 10^5$ kg	$5{,}74 \cdot 10^{-2}\ \frac{kg}{MWh}$
Beton C30/37	$1{,}42 \cdot 10^7$kg	$9{,}31 \cdot 10^{-1}\ \frac{kg}{MWh}$
Edelstahl	$9{,}49 \cdot 10^4$ kg	$6{,}23 \cdot 10^{-3}\ \frac{kg}{MWh}$
Iridium	$6{,}75 \cdot 10^2$ kg	$4{,}43 \cdot 10^{-5}\ \frac{kg}{MWh}$
Kupfer	$2{,}36 \cdot 10^6$ kg	$1{,}55 \cdot 10^{-1}\ \frac{kg}{MWh}$
Legierter Stahl	$3{,}02 \cdot 10^6$ kg	$1{,}98 \cdot 10^{-1}\ \frac{kg}{MWh}$
Messing	$3{,}25 \cdot 10^3$ kg	$2{,}13 \cdot 10^{-4}\ \frac{kg}{MWh}$
Nafion	$1{,}44 \cdot 10^4$ kg	$9{,}45 \cdot 10^{-4}\ \frac{kg}{MWh}$
Platin	$6{,}75 \cdot 10^1$ kg	$4{,}43 \cdot 10^{-6}\ \frac{kg}{MWh}$
Polyamid	$6{,}11 \cdot 10^5$ kg	$4{,}01 \cdot 10^{-2}\ \frac{kg}{MWh}$
Polyester	$2{,}70 \cdot 10^5$ kg	$1{,}77 \cdot 10^{-2}\ \frac{kg}{MWh}$
Polyethylene	$1{,}35 \cdot 10^5$ kg	$8{,}86 \cdot 10^{-3}\ \frac{kg}{MWh}$
Stahl	$2{,}77 \cdot 10^7$ kg	$1{,}82 \cdot 10^0\ \frac{kg}{MWh}$
Titan	$4{,}75 \cdot 10^5$ kg	$3{,}12 \cdot 10^{-2}\ \frac{kg}{MWh}$
Transformatoröl	$5{,}40 \cdot 10^6$ kg	$3{,}55 \cdot 10^{-1}\ \frac{kg}{MWh}$
Diesel	–	$5{,}27 \cdot 10^{-3}\ \frac{kg}{MWh}$
Schweröl	–	$1{,}8 \cdot 10^{-3}\ \frac{kg}{MWh}$
	Output Bau	
Wasserstoffspeicher	$5{,}51 \cdot 10^7$ kg	$3{,}62 \cdot 10^0\ \frac{kg}{MWh}$

Gemäß Umweltbundesamt können 35 Vol.-% des Altbetons [127, S. 5] sowie 36 % des Kupfers wiederverwendet werden [129]. Nach Stahl et al. [116, S. 219] können zudem 98 % des verwendeten Platins und Iridiums zurückgewonnen werden; der dafür erforderliche Energieaufwand wird von Schapp [81] mit 0,7 MWh/kg für Platingruppenmetalle angegeben.

Die Betrachtung des Recyclings im Wasserstoffspeichermodell ermöglicht eine Abschätzung der theoretisch möglichen Einsparung von Primärressourcen auf Basis von Literaturwerten.

Tab. 4.13 Recycling des Wasserstoffspeichers

Material/Rohstoff	Recycelter Anteil	Quelle
	Input Recycling	
el. Energie	$1{,}2 \cdot 10^{0}\,\frac{\mathrm{MJ}}{\mathrm{MWh}}$	–
Treibstoff	$6{,}1 \cdot 10^{-3}\,\frac{\mathrm{kg}}{\mathrm{MWh}}$	–
Prozesswasser	$7{,}42 \cdot 10^{-2}\,\frac{\mathrm{kg}}{\mathrm{MWh}}$	–
metall. Koks	$3{,}08 \cdot 10^{-1}\,\frac{\mathrm{kg}}{\mathrm{MWh}}$	–
	Output Recycling	
Aluminium	$5{,}45 \cdot 10^{-2}\,\frac{\mathrm{kg}}{\mathrm{MWh}}$	[98, 128]
Beton C30/37	$3{,}26 \cdot 10^{-1}\,\frac{\mathrm{kg}}{\mathrm{MWh}}$	[29, S. 53, 127, S. 5]
Edelstahl	$5{,}92 \cdot 10^{-3}\,\frac{\mathrm{kg}}{\mathrm{MWh}}$	[95]
Iridium	$4{,}34 \cdot 10^{-5}\,\frac{\mathrm{kg}}{\mathrm{MWh}}$	[81, S. 346, 116, S. 217]
Kupfer	$9{,}58 \cdot 10^{-1}\,\frac{\mathrm{kg}}{\mathrm{MWh}}$	[129]
Legierter Stahl	$1{,}88 \cdot 10^{-1}\,\frac{\mathrm{kg}}{\mathrm{MWh}}$	[96]
Messing	$1{,}32 \cdot 10^{-4}\,\frac{\mathrm{kg}}{\mathrm{MWh}}$	[129]
Platin	$4{,}34 \cdot 10^{-6}\,\frac{\mathrm{kg}}{\mathrm{MWh}}$	[81, S. 346, 116, S. 217]
Polyamid	$1{,}87 \cdot 10^{-2}\,\frac{\mathrm{kg}}{\mathrm{MWh}}$	[1, 128]
Polyester	$8{,}26 \cdot 10^{-3}\,\frac{\mathrm{kg}}{\mathrm{MWh}}$	[1, 128]
Polyethylen	$4{,}13 \cdot 10^{-3}\,\frac{\mathrm{kg}}{\mathrm{MWh}}$	[1, S. 17]
Stahl	$1{,}73 \cdot 10^{0}\,\frac{\mathrm{kg}}{\mathrm{MWh}}$	GaBi

4.8 Wirkungsabschätzung

Nachfolgend werden die ausgewählten Umweltauswirkungen der drei untersuchten Energiespeicher bezogen auf die funktionelle Einheit aus der Sachbilanz dargestellt und analysiert. In Abb. 4.12 sind die Umweltauswirkungen gemäß der in Tab. 4.1 getroffenen Auswahl dargestellt. Betrachtet werden alle Lebenszyklusphasen – Bau-, Betriebs- und Recyclingphase. Darüber hinaus wird zwischen einem Grün- und einem Graustromszenario gemäß Abb. 4.7 unterschieden. Eine detaillierte Beschreibung der einzelnen Umweltauswirkungen für jede Speichertechnologie ist in [9] enthalten.

Die zentrale Erkenntnis aus der Abb. 4.12 ist, dass der ökologische Fußabdruck eines Energiespeichers maßgeblich vom Wirkungsgrad abhängt. Dies zeigt sich insbesondere bei den Treibhausgasemissionen (Abb. 4.12, erste Reihe, erste Spalte): Aufgrund des angenommenen Wirkungsgrades von 90 % weist der Batteriespeicher die geringsten Treibhausgasemissionen auf, während der Wasserstoffspeicher mit einem Wirkungsgrad von 36 % über die gesamte Lebensdauer die höchsten Emissionen verursacht.

Darüber hinaus tragen die in Anlagen zur Erzeugung von Strom aus erneuerbaren Energien verwendeten Rohstoffe teils stärker zu Umweltwirkungen wie Landnutzung, Ozon-

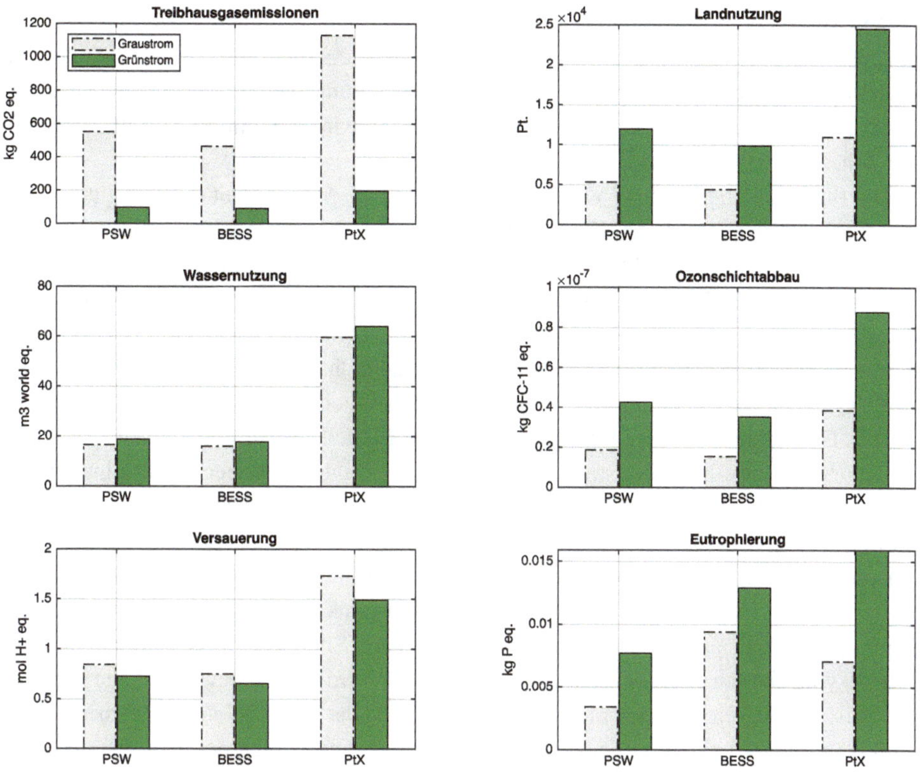

Abb. 4.12 Gegenüberstellung der Umweltauswirkungen in dem Szenario „Bau, Betrieb & Recycling"

schichtabbau, Eutrophierung von Gewässern und Wassernutzung bei. Dies lässt sich unter anderem dadurch erklären, dass aufgrund der Dezentralität und Kleinteiligkeit dieser Anlagen spezifisch mehr Rohstoffe pro installierter Kilowatt-Leistung benötigt werden als bei großskaligen fossil-thermischen Kraftwerken. Zudem sind die Jahresvolllaststunden insbesondere von Anlagen, die volatile erneuerbare Energien wie Windkraft oder Photovoltaik nutzen, deutlich geringer als beispielsweise bei Kern- oder Kohlekraftwerken. Um dieselbe Strommenge bereitzustellen, muss daher mehr Material verbaut werden.

Nicht nur die Quantität, sondern auch die Qualität der eingesetzten Rohstoffe – im Sinne ihrer spezifischen Umweltauswirkungen – beeinflusst den ökologischen Fußabdruck der Energiespeichertechnologien. In diesem Zusammenhang besteht weiterer Forschungsbedarf, um die Materialwahl und -einsatzstrategien künftig gezielter unter Nachhaltigkeitsaspekten zu optimieren.

In dieser Analyse werden zwar alle Phasen des Lebenszyklus betrachtet, der Fokus verschiebt sich jedoch vom ökologischen Fußabdruck des Energiespeichers selbst hin zu dem des eingespeicherten Stroms. Während Bau und Recycling des Energiespeichers singuläre

Ereignisse darstellen, die lediglich zu Beginn und am Ende des Lebenszyklus auftreten und zu den Umweltauswirkungen beitragen, erfolgt der Speicherbetrieb kontinuierlich über die gesamte Lebensdauer hinweg. Die durch die Speicherung bedingten Umweltauswirkungen der Stromerzeugung übersteigen, wie sich zeigen wird, alle anderen Einflussfaktoren deutlich.

Die Berücksichtigung des Recyclings dient dazu, die Möglichkeit der Substitution von Primärrohstoffen durch deren Wiederverwendung am Lebensende des Energiespeichers zu untersuchen und damit den Abbau neuer Rohstoffreserven zu verringern. Für die Recyclingquoten liegen in der Literatur jedoch überwiegend theoretische Werte vor, die das aktuelle Recyclingpotenzial bzw. die praktische Realität nicht vollständig widerspiegeln oder mitunter überzeichnen. Zudem waren in GaBi im Jahr 2024 nicht ausreichend Recyclingprozesse hinterlegt, sodass diese in der Modellierung manuell abgebildet werden mussten.

Dies führte dazu, dass der Recyclingprozess im Modell im Wesentlichen auf die Recyclingquote des jeweiligen Rohstoffs und den dafür benötigten Energieeinsatz reduziert werden musste. Folglich konnten die durch den Recyclingprozess verursachten Umweltauswirkungen nur eingeschränkt berücksichtigt werden, während die Menge des theoretisch substituierbaren Rohstoffs tendenziell überschätzt wird.

Beispielhaft lässt sich dies an den Treibhausgasemissionen verdeutlichen. Abb. 4.13 zeigt die Treibhausgasemissionen der drei untersuchten Energiespeicher getrennt nach den Lebenszyklusphasen Bau, Betrieb und Recycling. Es wird deutlich, dass sich die Emissionen zwischen der reinen Betrachtung der Bauphase und der Einbeziehung der Betriebsphase signifikant unterscheiden. In der Betriebsphase geht hauptsächlich der über den gesamten Lebenszyklus von 100 Jahren eingespeicherte Strom in die Bilanz ein. Somit werden die

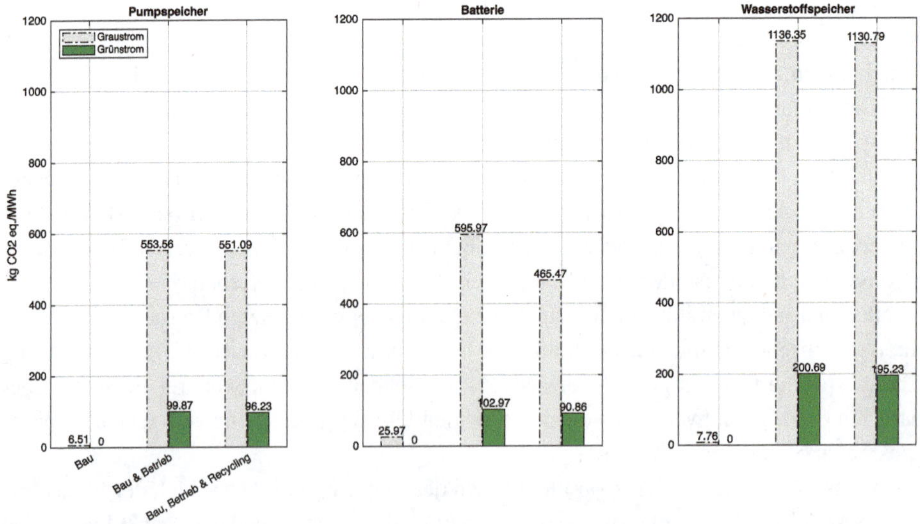

Abb. 4.13 Einfluss der Lebenszyklusphasen am Beispiel der CO_2-Emissionen

durch den eingespeicherten Strom verursachten Treibhausgasemissionen in die Gesamtbilanz integriert. In der Folge wird ein außerhalb der Systemgrenzen erzeugter, externer ökologischer Fußabdruck internalisiert und dem Energiespeicher selbst zugerechnet.

Die zuvor beschriebenen Herausforderungen der Recyclingbetrachtung lassen sich am Beispiel des Batteriespeichers besonders gut verdeutlichen: Durch das Recycling werden hier vergleichsweise die größten CO_2-Einsparungen erzielt. In der Simulation wurde für den treibhausgasintensiven Rohstoff Lithium eine theoretische Recyclingquote von 70 % angenommen, während die tatsächlich realisierbare Quote derzeit vernachlässigbar gering ist (etwa 1 %). Zudem sind die modellierten Recyclingprozesse stark vereinfacht und berücksichtigen die durch das Recycling selbst verursachten Umweltauswirkungen nicht.

Aus der Gesamtanalyse ergeben sich zwei zentrale Erkenntnisse:

- Ein höherer Wirkungsgrad eines Energiespeichers führt zu einem geringeren ökologischen Fußabdruck, da der durch den eingespeicherten Strom verursachte Anteil sinkt.
- Eine höhere Recyclingquote reduziert den ökologischen Fußabdruck, da weniger Primärrohstoffe benötigt werden.

Darüber hinaus ist nicht nur die Recyclingquote, sondern auch der Recyclingprozess selbst zu berücksichtigen, da dieser ebenfalls Umweltauswirkungen verursacht. Zusammenfassend lässt sich festhalten, dass der ökologische Fußabdruck eines Energiespeichers im Wesentlichen von drei Faktoren abhängt: den in der Bauphase eingesetzten Rohstoffen, der erzielten Recyclingquote, die den Einsatz von Primärrohstoffen verringert, und den Umweltauswirkungen des Recyclingprozesses selbst.

Es liegt daher nahe, den Fokus zunächst auf die Umweltauswirkungen der Bauphase zu richten. Die Ergebnisse der durchgeführten Lebenszyklusanalysen, reduziert auf die Bauphase, sind in Abb. 4.14 dargestellt. Von den drei untersuchten Technologien weist der Pumpspeicher die geringsten Umweltauswirkungen auf, gefolgt vom Wasserstoff- und dem Batteriespeicher. In der Bauphase des Pumpspeichers entfallen rund 60 % der Treibhausgasemissionen auf Stahl, während Beton weitere 33 % beiträgt. Beim Batteriespeicher resultieren 28 % der Emissionen aus Stahl, 25 % aus Grafit, 17 % aus Aluminium und 13 % aus Kupfer. Besonders hervorzuheben sind die Emissionen des Wasserstoffspeichers: Hier trägt Stahl 48 %, Iridium 18 % und Kupfer 8 % zu den gesamten Treibhausgasemissionen bei. Bemerkenswert ist insbesondere der Einfluss von Iridium, das zwar weniger als 1 % der Gesamtmasse der eingesetzten Rohstoffe ausmacht, jedoch 18 % der Treibhausgasemissionen verursacht. Dies verdeutlicht die hohe Klimarelevanz einzelner Rohstoffe – in diesem Fall von Iridium. Eine detaillierte Analyse der einzelnen Umweltauswirkungskategorien und die Einordnung der Ergebnisse in Literatur findet sich in [9].

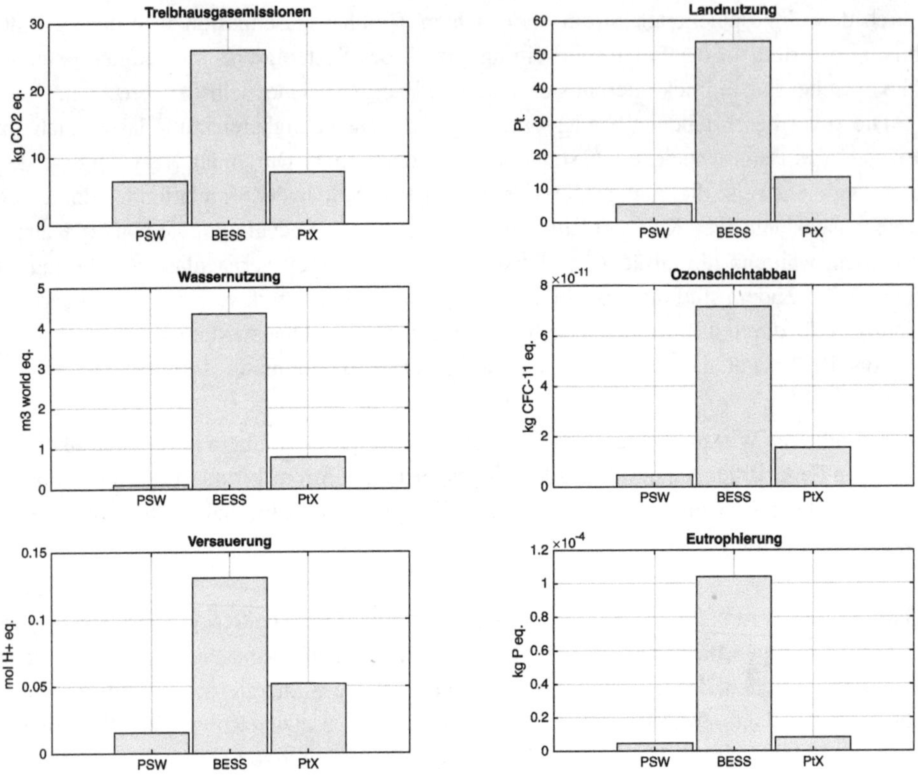

Abb. 4.14 Gegenüberstellung der Umweltauswirkungen in dem Szenario „Bau"

4.9 Rohstoffdiskussion

Nachdem die besondere Bedeutung der Bauphase für den ökologischen Fußabdruck im Allgemeinen und den großen Beitrag einzelner Rohstoffe im Speziellen ermittelt wurde, lohnt es sich, den Blick auf die Rohstoffe insgesamt zu erweitern. Bezüglich der Formulierung von Umwelt- und Klimazielen bleibt häufig unberücksichtigt, dass einige Rohstoffe geografisch stark konzentriert und nur begrenzt verfügbar sind. Neben den Ausbauplänen der Bundesregierung, die mit einem erheblichen Rohstoffbedarf einhergehen, verfolgen auch andere europäische und außereuropäische Staaten ambitionierte Ausbauziele. In [9] wurde bereits postuliert, dass Rohstoffe als geopolitische Hebel fungieren können. Angesichts der aktuellen weltpolitischen Lage lässt sich feststellen, dass diese Situation bereits eingetreten ist.[8]

Bereits 2017 hat Agora Verkehrswende [7] darauf hingewiesen, dass politische Krisen, Kriegsereignisse in Förderregionen und monopolartige Versorgungsstrukturen als politische

[8] Quelle/Zeitung finden: The Economist, DERA News.

Druckmittel genutzt werden können. In ihrer Rohstoffstrategie aus dem Jahr 2019 betont die Bundesregierung, dass die Rohstoffversorgung grundsätzlich in der Verantwortung der Unternehmen liegt. Gleichzeitig konstatiert sie, dass sich nicht alle Staaten dem marktwirtschaftlichen Ansatz verpflichtet fühlen. Die Rolle des Staates bestehe daher darin, Maßnahmen zur Schaffung eines „level playing field“ in der Rohstoffversorgung zu definieren und gegebenenfalls zu überprüfen, inwieweit eine aktivere staatliche Rolle erforderlich ist. In der Strategie werden Nachfrageveränderungen durch disruptive Technologien, Handelskonflikte sowie die hohe Marktmacht einzelner Akteure thematisiert. Um die Importabhängigkeit zu verringern, sollen Recyclingquoten erhöht und die primäre Rohstoffgewinnung innerhalb der EU reaktiviert werden [38].

In einer Studie aus dem Jahr 2020 definiert die Europäische Kommission kritische Rohstoffe für strategische Technologien und Sektoren. Die Untersuchung liefert die wissenschaftliche Grundlage zur Bewertung potenzieller Versorgungsrisiken bei Rohstoffen mit strategischer Bedeutung. Zu den identifizierten Schlüsseltechnologien zählen auch Elektrolyseure und Batterien. Neben der geographischen Konzentration der Rohstoffförderung wird auch die Konzentration bei der Veredelung und Weiterverarbeitung – etwa von Grafit, Lithium und Platin – hervorgehoben. Als Gegenmaßnahmen werden die Diversifizierung der Rohstoffquellen, die Vereinfachung der Herstellung strategischer Technologien innerhalb der EU sowie die Substitution primärer durch recycelte Rohstoffe genannt [27].

Die Analyse der Internationalen Energieagentur (IEA) aus dem Mai 2021 formuliert die Problematik noch deutlicher: Viele Materialien werden von einer kleinen Zahl an Produzenten bereitgestellt. Im Fall von Lithium, Kobalt und Seltenen Erden kontrollieren die drei größten Hersteller jeweils mehr als 75 % der weltweiten Produktion. Am Beispiel von Kobalt zeigt sich zudem, dass dessen Verfügbarkeit die Entwicklung alternativer Batteriezellchemien beeinflusst, die weniger oder gar kein Kobalt erfordern.

Die Studie weist auf die hohe geografische Konzentration einiger kritischer Rohstoffe hin, die jene von Erdöl und Erdgas noch übersteigt: China und die Demokratische Republik Kongo verfügen über 60–70 % der weltweiten Lithium- und Kobaltreserven sowie über 90 % der seltenen Erden. Darüber hinaus ist China für rund 35 % der Weiterverarbeitung von Nickel, 50–70 % des Lithiums und Kobalts sowie etwa 90 % der seltenen Erden verantwortlich (vgl. Abb. 4.15). Zusätzlich hat das Land erhebliche Investitionen in die Rohstoffförderung in Australien, Chile, der DR Kongo und Indonesien getätigt. Strategische Investitionen in Rohstoffprojekte dienen damit zunehmend als geopolitisches Instrument – ein Zusammenhang, der der internationalen Öffentlichkeit spätestens seit 2021 bewusst ist. Als Gegenmaßnahmen nennt die Internationale Energieagentur (IEA) unter anderem gezielte Investitionen in diversifizierte Rohstoffquellen, die Förderung technologischer Innovationen entlang der Wertschöpfungsketten, eine höhere Recyclingquote, widerstandsfähige Lieferketten sowie mehr Markttransparenz [76].

Nach Beginn des russischen Angriffskriegs gegen die Ukraine wird die Vereinigung der Bayerischen Wirtschaft (vbw) in ihrer Analyse vom Dezember 2022 noch deutlicher. Im Vergleich zu 2015 sei vor allem das politische Risiko gestiegen, dass Rohstoffe als strate-

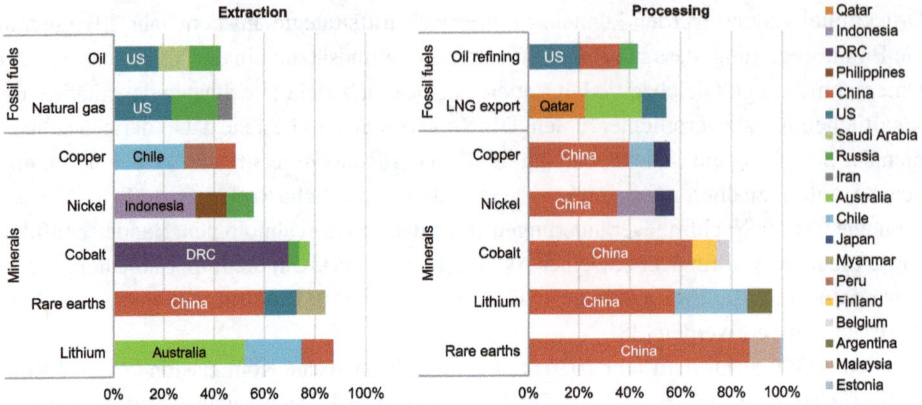

Abb. 4.15 Anteil der drei führenden Länder in der Produktion ausgewählter Rohstoffe und fossiler Brennstoffe [76]

gisches Instrument internationaler (Handels-)Politik eingesetzt werden. Gleichzeitig habe sich die Konzentration sowohl auf Unternehmens- als auch auf Länderebene weiter verstärkt. Die Studie betont die geopolitische Lage als Unsicherheitsfaktor und verweist auf die zentrale Bedeutung Russlands und der Ukraine als Rohstoffproduzenten. Darüber hinaus sehen die Autoren einen zunehmenden Systemwettbewerb zwischen marktwirtschaftlich-demokratischen und autoritär-staatskapitalistischen Systemen, wodurch das Risiko geopolitisch motivierter Störungen in der Rohstoffversorgung steigt. Die gezielte Instrumentalisierung von Marktmacht auf den Rohstoffmärkten zu außenpolitischen Zwecken könne zu Lieferunterbrechungen und weiteren ökonomischen Konsequenzen führen.

Besonders kritisch wird die hohe Konzentration der metallverarbeitenden Industrie in China hervorgehoben, die in einigen Fällen sogar die Konzentration der Bergwerksförderung übertrifft. China nimmt entlang sämtlicher Wertschöpfungsstufen strategischer Zukunftstechnologien eine zentrale Rolle ein. Deutschland und Europa hingegen sind nahezu vollständig von Rohstoffimporten mit hoher technologischer Bedeutung abhängig. Rohstoffe werden zunehmend als handelspolitisches oder geopolitisches Druckmittel eingesetzt – etwa im Gashandel zwischen Russland und Europa seit Beginn des Ukraine-Krieges oder im Rahmen chinesischer Investitionen in Asien und Afrika, die häufig mit langfristigen Rohstofflieferverträgen verknüpft sind. Die verstärkte Erschließung eigener Rohstoffvorkommen durch Australien wird in der Studie als gezielte Reaktion auf Chinas Dominanz bei der Förderung seltener Erden interpretiert.

Die Autoren betonen abschließend die Notwendigkeit international koordinierter Lösungen für Staaten und Unternehmen. Es sei zentrale Aufgabe der Rohstoffpolitik, sich weiterhin für den Fortbestand eines international gesicherten und regelbasierten Handelssystems einzusetzen [80].

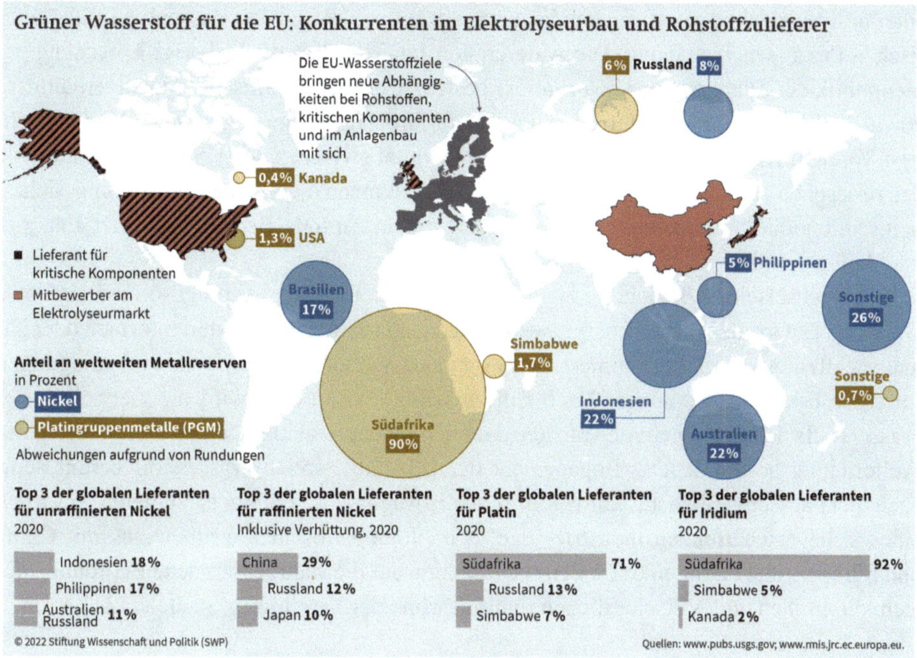

Abb. 4.16 Grüner Wasserstoff für die EU: Konkurrenten im Elektrolyseurbau und Rohstoffzulieferer [130]

Ähnliche Töne schlägt die Stiftung Wissenschaft und Politik (SWP) an, die Bundestag und Bundesregierung berät. In ihrem Papier „Elektrolyseure für die Wasserstoffrevolution" stellt die SWP fest, dass geo-, industrie- und ressourcenpolitische Aspekte in den Plänen der Europäischen Union bislang kaum berücksichtigt werden. Die Studie verweist auf die nahezu vollständige Importabhängigkeit Europas bei Platin (98 %) und Iridium (100 %), deren Vorkommen stark in Südafrika konzentriert sind (vgl. Abb. 4.16). Zudem hebt die SWP hervor, dass China im Rahmen seines 14. Fünfjahresplans die Wasserstoffindustrie zu einer strategischen Priorität erklärt hat und damit gezielt auf eine technologische Führungsrolle hinarbeitet.

Neben der Rohstoffverfügbarkeit, neuen Abhängigkeiten und geopolitischen Hebeln bezeichnet die SWP die europäischen Ausbaupläne für Elektrolyseure als unrealistisch. Während im Jahr 2021 innerhalb der EU lediglich 0,135 GW an Elektrolyseurkapazitäten installiert waren, soll die Kapazität bis 2030 auf 120 GW steigen – eine Steigerung um den Faktor 900. Angesichts der weltweit verfügbaren Produktionskapazitäten von rund 2 GW pro Jahr und der ambitionierten Zielsetzungen anderer Länder (z. B. China: 100 GW bis 2030) erscheint dieses Ziel kaum erreichbar [130].

Die geopolitischen Implikationen werden in der SWP-Studie „Die Geopolitik des Wasserstoffs: Ressourcen, Technologie, Macht und Weltordnung" vertieft. Geopolitik wird dort als

Interaktion zwischen geografischen Faktoren – wie Lage, Raum und Ressourcen – und politischen Prozessen verstanden. Die Autoren konstatieren, dass die bisherige Forschung zur Geopolitik der Energiewende den Einfluss bestehender (geo-)politischer Machtverhältnisse sowie die Interessen und Präferenzen einzelner Marktakteure nur unzureichend berücksichtigt. Vor dem Hintergrund der zunehmenden Rivalität zwischen den USA und China sowie des russischen Angriffskriegs gegen die Ukraine gewinnen die Themen Versorgungssicherheit, Autonomie und Technologieführerschaft erneut zentrale Bedeutung in der Energie- und Außenpolitik.

Die wechselseitige Beziehung zwischen Geopolitik und Energie prägt somit die globale Ordnung: Einerseits können Energiebeziehungen internationale Strukturen formen oder gar neu schaffen, andererseits definiert die bestehende Weltordnung die Rahmenbedingungen für diese Energiebeziehungen. Nach Einschätzung der Autoren wird die Geopolitik des Wasserstoffs daher maßgeblich von den aktuellen Machtverhältnissen und dem Zustand der Weltordnung bestimmt. Das Engagement der USA im Bereich Wasserstoff beruht demnach nicht ausschließlich auf klimapolitischen Erwägungen, sondern ist zugleich Ausdruck eines sich verschärfenden industrie- und technologiepolitischen Wettbewerbs mit China und Europa – und damit eine strategische Reaktion auf die wahrgenommene Bedrohung der technologischen und wirtschaftlichen Führungsrolle der Vereinigten Staaten [131].

4.10 Fazit

Zusammenfassung

In diesem Kapitel wird der Nachhaltigkeitsbegriff als Balance zwischen ökologischen, ökonomischen und sozialen Aspekten eingeführt. Eine nachhaltige Entwicklung berücksichtigt die Interessen der gegenwärtigen Generation, ohne die Lebensgrundlagen zukünftiger Generationen zu gefährden. Die Lebenszyklusanalyse (Life Cycle Assessment, LCA) wird als Instrument zur Ermittlung der Umweltauswirkungen eines Produkts bzw. Systems vorgestellt, und die Vorgehensweise gemäß ISO 14040 und 14044 grundsätzlich erläutert. Mit der Verpflichtung von Unternehmen seitens der EU durch die Taxonomie-Verordnung, Nachhaltigkeitsberichte zu veröffentlichen, ist die Lebenszyklusanalyse zu einem festen Bestandteil der Energiewirtschaft geworden. Die verwendete Software GaBi wird eingeführt und die Auswahl der EU-Bewertungsmethode „Environmental Footprint" (EF) mit ihrer wissenschaftlichen Grundlage und der Nähe zu europäischen Forschungseinrichtungen begründet. Aus den insgesamt 15 Charakterisierungsfaktoren dieser Methode werden jeweils zwei Faktoren exemplarisch für lokale, regionale und globale Umweltauswirkungen näher untersucht. Als Ergebnis einer umfassenden Literaturrecherche werden zwölf Studien analysiert. Darauf aufbauend wird eine Lebenszyklusanalyse für drei Energiespeichertechnologien durchgeführt: einen Pumpspeicherausbau mit bestehenden Speicherbecken, einen Batteriespeicher mit vorhandener Infrastruktur sowie einen Wasserstoffspeicher, bestehend aus Elektrolyseur, Speichertanks und GuD-Kraftwerk. Bis auf den Elektrolyseur basieren die Datensätze auf bereits realisierten Anlagen oder wurden von existierenden Speichern abgeleitet. In der Untersuchung wird zwischen einem Grau- und einem Grünstromszenario unterschieden. Zudem werden die drei Lebenszyklusphasen – Bau, Betrieb und Recycling – kritisch betrachtet. Die Ergebnisse der Modellierung werden anschließend in den Kontext der analysierten Literatur eingeordnet. Abschließend wird der Aspekt kritischer Rohstoffe auf Basis einer ergänzenden Literaturrecherche vertieft untersucht.

Notwendigkeit umfassender Lebenszyklusanalysen

Es ist das erklärte Ziel sowohl der Europäischen Union als auch der Bundesregierung, Treibhausgasemissionen schrittweise zu reduzieren und langfristig vollständig zu vermeiden. Der Schwerpunkt der Maßnahmen liegt dabei in der Substitution fossiler Energieträger durch Strom aus erneuerbaren Energiequellen. Entsprechend richtet sich der Fokus bislang vor allem auf die Vermeidung von CO_2-Emissionen während der Betriebsphase von Kraftwerken. Dieser Zielpfad blendet jedoch viele weitere Umweltaspekte aus und erfordert – neben dem Ausbau erneuerbarer Erzeugungsanlagen – auch den Einsatz von Energiespeichern. Lebenszyklusanalysen (LCA) können dazu beitragen, die Betrachtung über die Betriebsphase hinaus zu erweitern und den Blick auf bislang externalisierte Umweltwirkungen zu lenken. In Abb. 4.12 sind die in diesem Kapitel detailliert untersuchten Umweltauswirkungen für alle drei Lebenszyklusphasen sowie für das Grau- und das Grünstromszenario dargestellt. Um den Aspekt kritischer Rohstoffe hervorzuheben, werden zusätzlich die Ressourcennutzungen für mineralische und fossile Rohstoffe ausgewiesen.

Es wird deutlich, dass Energiespeicher selbst Umweltauswirkungen verursachen, die in der Gesamtbewertung berücksichtigt werden müssen. Je nach betrachteter Umweltwirkung können durch die Speicherung von Grünstrom sogar höhere Umweltauswirkungen entstehen. Ursache hierfür ist die größere Anzahl an Anlagen, die im Grünstromszenario erforderlich ist, in Verbindung mit dem erhöhten Infrastrukturbedarf infolge der Dezentralität der Erzeugung. Neben Treibhausgasemissionen sind auch weitere Umweltauswirkungen mit ökologischen, ökonomischen und sozialen Kosten verbunden. Diese sollten nicht nur Gegenstand zukünftiger Forschungsarbeiten sein, sondern auch in politische Entscheidungsprozesse und wirtschaftliche Strategien einfließen.

Einflussfaktoren auf Lebenszyklusanalysen

Die Qualität von Lebenszyklusanalysen hängt – neben der Modellierung des untersuchten Systems und der Definition seiner Systemgrenzen – von einer Vielzahl weiterer Einflussfaktoren ab. Eine Auswahl dieser Faktoren ist in Abb. 4.17 dargestellt und wird nachfolgend erläutert.

Normierung und Spezifität der funktionellen Einheit

Neben der Festlegung der funktionellen Einheit als Bezugsgröße der Umweltauswirkungen sind auch der Bezugszeitraum sowie die geografische Lage des untersuchten Systems eindeutig zu definieren. Damit Energiespeicher miteinander vergleichbar sind, muss die

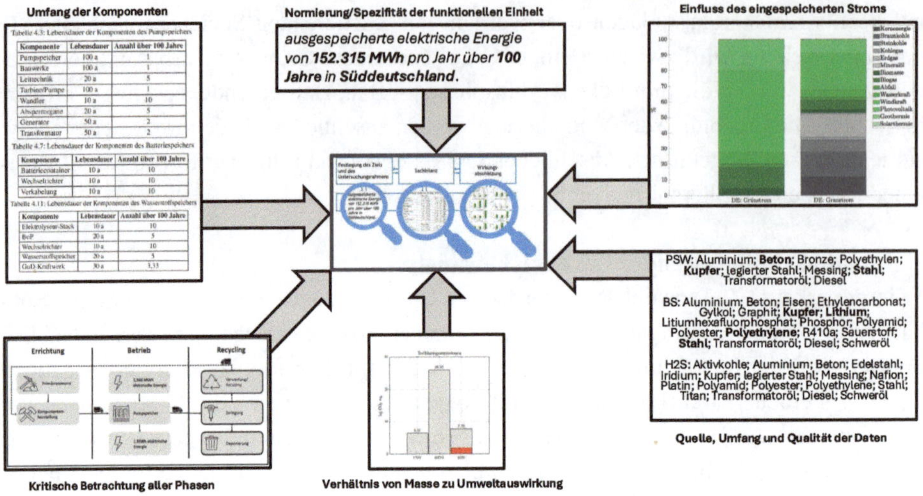

Abb. 4.17 Einflussfaktoren auf eine Lebenszyklusanalyse

ausgespeicherte elektrische Energie als funktionelle Einheit gewählt werden. Nur diese Größe berücksichtigt den Wirkungsgrad eines Energiespeichers und damit seine Effizienz im Umgang mit dem eingespeicherten Strom. Je höher der Wirkungsgrad, desto geringer sind die durch den eingespeicherten Strom verursachten Umweltauswirkungen.

In einer globalisierten Welt sind Lieferketten oftmals komplex, sodass die geografische Lage des untersuchten Systems einen bedeutsamen Einfluss auf die Umweltauswirkungen hat. In dieser Arbeit wurde angenommen, dass sich alle betrachteten Energiespeicher im Südschwarzwald befinden. Entsprechend erfolgt der Transport der Komponenten in der Regel per Schiff zu einem europäischen Hafen, anschließend per Bahn und für die letzten Kilometer mit dem Lkw. Auf diese Weise werden auch die logistikbedingten Umweltauswirkungen realitätsnah berücksichtigt. Der Bezugszeitraum eines Energiespeichers setzt die initial durch den Bau verursachten Umweltauswirkungen in Relation zur Lebensdauer der Anlage. Je länger ein Speicher betrieben wird, desto geringer fallen die spezifischen Umweltauswirkungen pro Einheit ausgespeicherter Energie aus.

Für eine vergleichende Lebenszyklusanalyse ist schließlich eine Normierung der funktionellen Einheit notwendig. Insbesondere die Normierung der Lebensdauer ermöglicht es, Energiespeicher hinsichtlich ihrer Umweltauswirkungen sachgerecht miteinander zu vergleichen.

Umfang der Komponenten

In den durchgeführten Lebenszyklusanalysen wurde der Umfang der Komponenten möglichst detailliert abgebildet. Durch die im vorangegangenen Abschnitt erläuterte Normierung der Nutzungsdauer können die durch die Lebensdauer der einzelnen Bauteile verursachten Umweltauswirkungen angemessen berücksichtigt werden. Dadurch wird das Gesamtergebnis der Analyse präziser und aussagekräftiger. Unabhängig von der eingesetzten Technologie führt ein hoher Verschleiß der Komponenten zu erhöhten Umweltauswirkungen, da sowohl das Recycling als auch die Bereitstellung neuer Rohstoffe zusätzliche Ressourcen erfordern. Umgekehrt kann ein schonender Betrieb der Anlagen die Belastungen reduzieren.

Einfluss des eingespeicherten Stroms

Sowohl in der Literatur als auch in dieser Arbeit wurde der Einfluss des eingespeicherten Stroms auf die Umweltauswirkungen als signifikant identifiziert. Ein Energiespeicher kann diesen Einfluss jedoch nur mittelbar über einen möglichst hohen Wirkungsgrad beeinflussen. Damit die Umweltauswirkungen, die aus einer mehr oder weniger nachhaltigen Stromzusammensetzung resultieren, nicht dem Speichersystem selbst zugeschrieben werden, ist eine strikte Trennung der Lebenszyklusphasen erforderlich. Aus diesem Grund richtet sich der Fokus der Bewertung insbesondere auf die Bauphase.

Die Analyse der Betriebsphase zeigt, dass der eingespeicherte Strom – abhängig von seinem Erzeugungsmix – über 99 % der gesamten Umweltauswirkungen verursachen kann. Er stellt damit eine weitgehend unbeeinflussbare externe Größe dar, die die Bewertung verschiedener Speichertechnologien erheblich verzerren kann. Der einzige Einfluss des Speichersystems auf diese Betriebsphase ergibt sich aus seinem Wirkungsgrad. Diese Erkenntnis deckt sich mit den Ergebnissen der ausgewerteten Literatur. Daher werden in Abb. 4.14 ausschließlich die Umweltauswirkungen der Bauphase dargestellt.

Da zur Erreichung der Treibhausgasneutralität in Deutschland und Europa ein massiver Ausbau von Energiespeichern notwendig ist, sollte der Schwerpunkt der Bewertung auf der Bauphase liegen. Je höher der Gesamtwirkungsgrad eines Energiespeichers und je geringer seine Umweltauswirkungen in der Bauphase sind, desto größer ist sein Beitrag zur Erreichung der Klimaziele.

Quelle, Umfang und Qualität der Daten

In dieser Arbeit ist es – mit Ausnahme des Elektrolyseurs – gelungen, reale Anlagendaten in die Lebenszyklusanalysen zu integrieren. Die Daten des Batteriespeichers basieren auf einer real existierenden 2,5 MW/2,5 MWh-Anlage. Auch die Modellierung des Pumpspeichers sowie der Ausspeichereinheit des Wasserstoffspeichers wurde aus Bestandsanlagen abgeleitet. Die Daten des Gas- und Dampfkraftwerks orientieren sich ebenfalls an einer realen Referenzanlage. Auf diese Weise konnten der Aufbau der Anlagen und der Umfang der einzelnen Komponenten realitätsnah nachgebildet sowie die eingesetzten Rohstoffe möglichst vollständig erfasst werden.

Bedeutung des Recyclings

Ein besonderer Fokus der durchgeführten Lebenszyklusanalysen liegt auf der Phase des Recyclings. In der Literatur wird das Produktrecycling aufgrund unzureichender praktischer Umsetzung oder mangelhafter Datenlage häufig nicht berücksichtigt oder stark vereinfacht dargestellt. Oft wird dabei eine Recyclingquote von 100 % angenommen oder die

Umweltauswirkungen des Recyclingprozesses werden vernachlässigt, indem primäre Rohstoffe vollständig durch sekundäre ersetzt werden. Die in der Literatur beschriebene unzureichende Abbildung realer Recyclingprozesse in gängigen Datenbanken bestätigt sich auch in dieser Arbeit: Die recherchierten Datensätze aus verschiedenen Quellen fokussieren sich überwiegend auf den Energieaufwand und idealisierte Recyclingquoten. Ein Beispiel hierfür ist die theoretische Recyclingquote von 70 % für Lithium, die einer tatsächlichen Quote von weniger als 1 % in der EU gegenübersteht. Dadurch wird die Recyclingquote systematisch überschätzt, während die Umweltauswirkungen infolge der Substitution eines zu großen Anteils primärer Rohstoffe verfälscht werden. Aus diesem Grund wird die Phase des Recyclings in dieser Arbeit vernachlässigt.

Verhältnis von Masse zu Umweltauswirkung

Ein Novum dieser Arbeit ist die Analyse des Verhältnisses von Rohstoffmassen zu den resultierenden Umweltauswirkungen. Die Untersuchung des Wasserstoffspeichers zeigt, dass Beton zwar rund 25 % der Gesamtmasse ausmacht, jedoch in keiner der betrachteten Wirkungskategorien zu den drei größten Verursachern zählt. Im Gegensatz dazu gehört Iridium in den Kategorien Treibhausgasemissionen, Ressourcennutzung und Wassernutzung jeweils zu den drei Rohstoffen mit den höchsten Beiträgen zu Umweltauswirkungen, obwohl es lediglich 0,001 % der gesamten Speichermasse ausmacht. Ein ähnliches Muster zeigt sich beim Batteriespeicher: Lithium trägt mit 0,26 % und synthetisches Grafit mit 3 % nur gering zur Gesamtmasse bei, verursacht jedoch in mehreren Wirkungskategorien – darunter Ozonschichtabbau, Frischwassereutrophierung, Wassernutzung, Ressourcennutzung, Landnutzung, Versauerung und Treibhausgasemissionen – die größten Umweltauswirkungen. Vergleichbare Relationen lassen sich auch für Kupfer beobachten, das mit Anteilen von 0,1 % im Pumpspeicher, 4 % im Wasserstoffspeicher und 7 % im Batteriespeicher ebenfalls überproportional hohe Umweltauswirkungen verursacht.

Kritische Betrachtung aller Phasen

In dieser Arbeit wurde besonderes Augenmerk auf die Bedeutung der einzelnen Phasen der Lebenszyklusanalyse und ihre jeweiligen Herausforderungen gelegt. Die Bauphase zeigt die Umweltauswirkungen auf, die unmittelbar durch die Errichtung des Energiespeichers entstehen. In der Betriebsphase bildet der eingespeicherte Strom den zentralen Einflussfaktor, da er die vorgelagerten – extern verursachten – Umweltwirkungen internalisiert. Am Ende der Lebensdauer treten – zumindest theoretisch – die durch Recyclingprozesse entstehenden Umweltauswirkungen hinzu. Da diese in der verwendeten Software jedoch nur eingeschränkt abgebildet werden und eine manuelle Modellierung zwangsläufig stark vereinfacht ausfällt, wird empfohlen, das Recycling zunächst auszuklammern und separat zu analysieren.

Rohstoffe im politisch-gesellschaftlichen Kontext

Die Politik auf nationaler, europäischer und internationaler Ebene beschäftigt sich seit etwa zehn Jahren intensiv mit der Verfügbarkeit und Kritikalität von Rohstoffen für Zukunftstechnologien. Unter Kritikalität versteht man Rohstoffe von hoher wirtschaftlicher Bedeutung, bei denen aufgrund der geographischen Konzentration der Förder- oder Verarbeitungsstandorte potenzielle Versorgungsrisiken bestehen. Bisher lag der Fokus dabei vor allem auf Rohstoffen, die für den Ausbau erneuerbarer Energien und die Elektromobilität relevant sind. Eine im Rahmen dieser Arbeit durchgeführte Literaturstudie greift diese Untersuchungen auf und erweitert sie um den Aspekt der Energiespeichertechnologien, um deren Bedeutung in zukünftige Entscheidungsprozesse stärker einzubeziehen. Neben der wirtschaftlichen Bedeutung und der Konzentration der Bezugsquellen ist insbesondere der signifikant steigende Bedarf an Rohstoffen für Elektrolyseure und Lithium-Ionen-Batterien zu berücksichtigen. Der absolute Rohstoffbedarf sowie die teils starke Abhängigkeit von wenigen Förderländern können – zusätzlich zu den verursachten Umweltauswirkungen – soziale Spannungen verschärfen und werden bereits heute als geopolitischer Einflussfaktor genutzt.

Einfluss außenpolitischer Ereignisse

Spätestens mit Beginn des Kriegs in der Ukraine wurde die strategische Abhängigkeit Deutschlands von russischen Rohstofflieferungen deutlich. Besonders spürbar wurde dies durch die Unterbrechung von Öl- und Gaslieferungen. Als wichtiger Abnehmer von Kupfer und insbesondere Platingruppenmetallen steht Deutschland vor zusätzlichen Herausforderungen, da die Bezugsquellen aufgrund der Sanktionen diversifiziert werden müssen. Autokratische Tendenzen in China, das sowohl eine bedeutende Rohstoffquelle als auch ein zentraler Standort für die Weiterverarbeitung kritischer Rohstoffe ist, haben die Bundesregierung veranlasst, ihre strategischen Beziehungen zu China zu überdenken, Abhängigkeiten zu reduzieren und die Rohstoffversorgung breiter zu diversifizieren.

5 Entwicklung des Strommarktes bezogen auf Energiespeicher

Der Ursprung der in Kap. 3 beschriebenen Diskussion um Speicherkapazitäten und Flexibilität liegt sowohl in der durch die EU eingeleiteten Marktliberalisierung und der Auflösung von Monopolstrukturen im Strommarkt als auch im um die Jahrtausendwende verabschiedeten Erneuerbare-Energien-Gesetz (EEG). Zunächst wurden erneuerbare Energien subventioniert und ausgebaut, mit dem Ziel, Strom perspektivisch treibhausgasneutral zu erzeugen. Über mehr als zwei Jahrzehnte entstand dadurch – parallel zum bestehenden Energiesystem mit seinen gewachsenen Strukturen aus zentralen, überwiegend thermischen Kraftwerken, den zugehörigen Übertragungs- und Speicherkapazitäten sowie dem Strommarkt – ein zweites System aus volatilen erneuerbaren Energien. Ein systemisches Umdenken blieb dabei aus: Der Fokus lag und liegt bis heute primär auf dem Ausbau erneuerbarer Erzeugungskapazitäten, während Fragen der technischen und marktlichen Systemintegration, Systemdienstleistungen und Speicherinfrastruktur nachrangig behandelt wurden. Über Jahre hinweg koexistierte das gewachsene Energiesystem mit den volatilen erneuerbaren Energien und diente diesen als stabilisierendes Fundament. Die im Rahmen der Merit Order bevorzugte Einspeisung erneuerbarer Energien verdrängte sukzessive fossil-thermische Grund- und Mittellastkraftwerke aus der Wirtschaftlichkeit – ebenso wie Spitzenlastanlagen, etwa Gaskraftwerke und Speicher, die ursprünglich zur flexiblen Abdeckung fluktuierender Einspeisungen vorgesehen waren. Für den Ausstieg aus der Kernenergie sowie aus der Braun- und Steinkohleverstromung existieren verbindliche Ausstiegsdaten, die politisch diskutiert und – im Fall der Kohle – teilweise vorgezogen wurden. Perspektivisch werden fossil-thermische Anlagen dem Stromsystem somit nicht mehr zur Deckung der residualen Last zur Verfügung stehen. Aufgrund der geringen gesicherten Leistung volatiler erneuerbarer Energien steht das Energiesystem vor der Herausforderung, deren fluktuierende Erzeugung mit der Lastkurve in Einklang zu bringen. Daraus resultiert ein erheblicher Bedarf an Speicherkapazitäten und Flexibilitätsoptionen, für die bislang weder ein tragfähiges Konzept

O. Akpinar, *Stromspeicher*, https://doi.org/10.1007/978-3-658-51235-4_5

noch ein funktionsfähiger Markt existieren. Einerseits haben die energiepolitischen Rahmenbedingungen und Marktmechanismen die Notwendigkeit von Energiespeichern erst hervorgebracht; andererseits fehlt es sowohl an marktwirtschaftlichen Anreizen für deren Bau und Betrieb als auch an einem kohärenten regulatorischen Rahmen. Insbesondere Letztverbraucherabgaben und genehmigungsrechtliche Hemmnisse behindern derzeit den Ausbau von Energiespeichern. Diese Aspekte werden im folgenden Kapitel näher untersucht.

5.1 Die steigende Volatilität der Stromerzeugung

In Abb. 5.1 ist die Stromerzeugung in der Kalenderwoche 13 des Jahres 2015 dargestellt. Auffällig ist, dass die minimale Last in dieser Woche – insbesondere in den ersten fünf Tagen – überwiegend durch Grundlastkraftwerke gedeckt wurde. Den größten Beitrag leisteten Kernenergie- sowie Braun- und Steinkohlekraftwerke. Eine gewisse Flexibilität wurde durch flexible Grund- und Mittellastkraftwerke, vor allem Braun- und Steinkohlekraftwerke, bereitgestellt.

Aufgrund des Einspeisevorrangs volatiler erneuerbarer Energien deckten die Spitzenlastkraftwerke (z. B. Gaskraftwerke) in Kombination mit diesen volatilen Erzeugern die Lastspitzen ab. Die Koexistenz der „alten" fossil-thermischen und der „neuen" volatilen Ener-

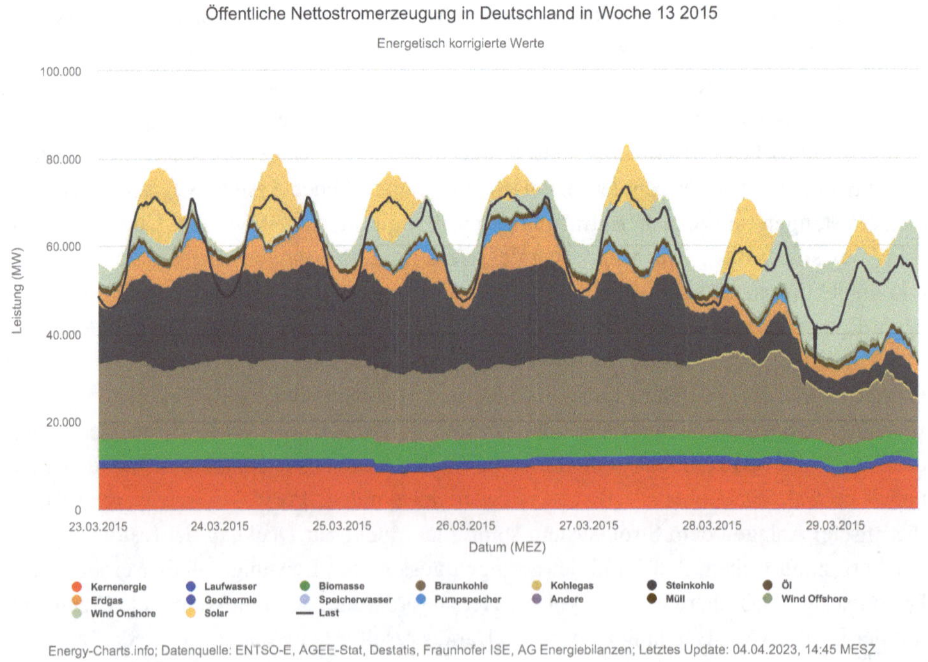

Abb. 5.1 Stromerzeugung in der KW 13/2015

giewelt wird besonders an der Abendspitze zwischen dem 24. und 25. März 2015 deutlich: In dieser Phase wurde nahezu kein Strom aus Wind- und Photovoltaikanlagen eingespeist, sodass Gaskraftwerke und Pumpspeicher die Lastlücke schließen mussten. Gegen Ende der KW 13 nahm insbesondere die Einspeisung von Windstrom zu, wodurch – infolge des Einspeisevorrangs – neben Steinkohlekraftwerken auch Braunkohlekraftwerke ihre Leistung reduzieren mussten.

Die zunehmende Bedeutung volatiler erneuerbarer Erzeuger bei gleichzeitigem Rückgang fossil-thermischer Kraftwerkskapazitäten zeigt sich in Abb. 5.2. Die Einspeisung aus Kernenergie, Braun- und Steinkohle ist deutlich gesunken, während Wind- und Photovoltaikstrom erheblich zugenommen haben. In diesem Zusammenhang steigt die Bedeutung von Gaskraftwerken und Pumpspeichern zur Deckung der Lastspitzen. Auffällig ist, dass an fast allen Tagen eine Unterdeckung der Last besteht, wodurch täglich Stromimporte erforderlich sind. Geht man davon aus, dass spätestens bis 2038 keine Kohle und keine Kernenergie mehr verstromt werden darf,[1] wird sowohl die Anzahl der unterdeckten Stunden als auch die Höhe der residualen Last signifikant zunehmen.

Vor diesem Hintergrund stellt sich die Frage, wie die Bundesregierung diese Entwicklung künftig regulatorisch begleiten möchte. Der bisherige Fokus auf den Ausbau erneuerbarer

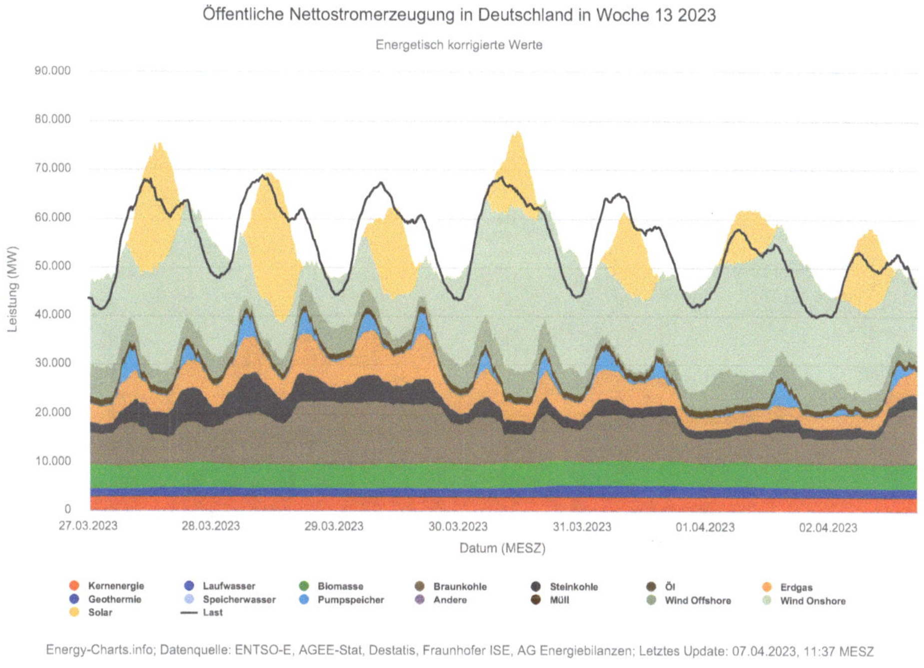

Abb. 5.2 Stromerzeugung in der KW 13/2023

[1] Der Kernenergieausstieg hat am 15. April 2023 stattgefunden.

Energien sowie den Rückzug aus Kernenergie und fossilen Brennstoffen ersetzt zwar installierte Leistung, berücksichtigt jedoch die zusätzlichen Herausforderungen der Volatilität erneuerbarer Energien bislang nur teilweise – wie in den Abb. 5.3 und 5.4 dargestellt.

Im Zuge der von der EU angestoßenen Reform des Elektrizitätsbinnenmarktes wird auch in Deutschland die bislang abgelehnte Einführung eines Kapazitätsmarktes diskutiert. Eine Kraftwerksstrategie des BMWK war – Stand November 2023 – zwar angekündigt, jedoch noch nicht konkret ausgearbeitet[2]. Der aktuelle Fokus liegt auf Anlagen zur Erzeugung von Strom aus erneuerbarem Wasserstoff („Wasserstoff-Sprinterkraftwerke"), auf innovativen Konzepten wasserstoffbasierter Stromspeicher mit Rückverstromungsoption sowie auf konvertierbaren Kraftwerken, die zunächst mit Erdgas betrieben und sukzessive auf Wasserstoff umgerüstet werden sollen. Eine vergleichbare Strategie für Energiespeicher wird seitens der Industrie und Verbände gefordert.

Zwar ist die installierte Leistung zwischen 2002 und 2023 um das 1,5-Fache gestiegen und überdeckt die Spitzenlast inzwischen um mehr als das Dreifache (vgl. Abb. 5.3), die gesicherte Leistung hat jedoch abgenommen (vgl. Abb. 5.4). Diese wird als jene Leistung definiert, die mit einer Wahrscheinlichkeit von mehr als 99,5 % bereitgestellt werden kann. Bei Laufwasserkraftwerken werden Mindererzeugungen infolge von Niedrigwasser oder Revisionen berücksichtigt, während bei Windenergie kalkuliert wird, mit welcher Leis-

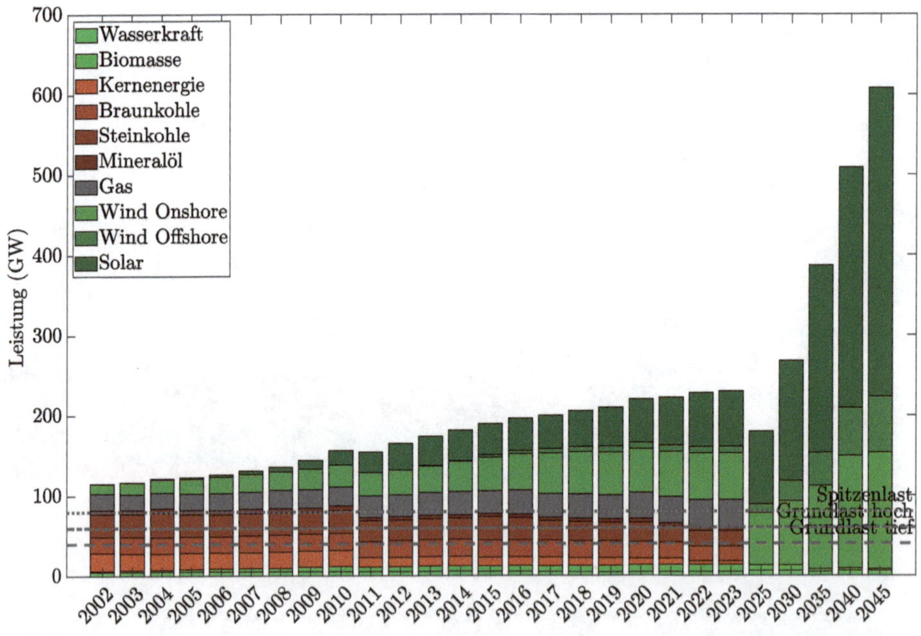

Abb. 5.3 Installierte Leistung in Deutschland inkl. Projektion. (Eigene Darstellung nach [6, 69])

[2] Auch im Dezember 2025 ist keine finale Kraftwerksstrategie veröffentlicht.

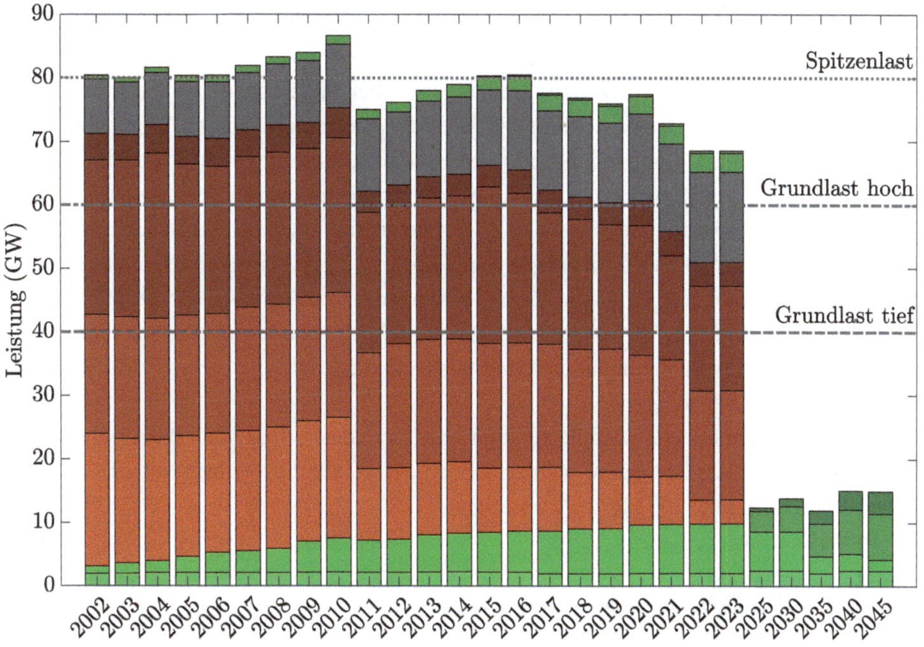

Abb. 5.4 Gesicherte Leistung in Deutschland inkl. Projektion. (Eigene Darstellung nach [6, 69])

tung selbst unter weitgehender Windflaute gerechnet werden kann [4]. In der Literatur werden hierfür Werte zwischen 1–10 % der installierten Leistung angegeben [43]. Für die Berechnung der gesicherten Leistung in Abb. 5.4 wurden durchschnittlich 5 % für On- und Offshore-Windkraft angesetzt, während die gesicherte Leistung von Photovoltaikanlagen mit 0 % angenommen wurde.

Damit wird deutlich, dass volatile erneuerbare Energien einen vernachlässigbar kleinen Beitrag zur gesicherten Leistung leisten. Diese wird heute überwiegend durch Laufwasserkraftwerke und Biomasse bereitgestellt. Bereits gegenwärtig liegt die Spitzenlast über der verfügbaren gesicherten Leistung. Mit dem mittelfristigen Wegfall fossil-thermischer Kraftwerke wird die Differenz zwischen minimaler Jahresgrundlast und gesicherter Leistung weiter zunehmen.

Zudem stellt die Transformation der installierten Leistung hin zu volatilen, dezentralen Anlagen das Energiesystem vor zusätzliche Herausforderungen: den Umbau der Übertragungs- und Verteilnetze sowie die zeitliche Entkopplung von Erzeugung und Verbrauch. Vor der Marktliberalisierung war das Energiesystem durch regionale Monopole geprägt, in denen der jeweilige Energieversorger für die Deckung der Last in seinem Gebiet verantwortlich war. Die Übertragungsnetze waren darauf ausgelegt, Strom von wenigen zentralen Großkraftwerken in die Verbrauchszentren zu transportieren. Die Erzeugung aus fossil-thermischen Kraftwerken war plan- und steuerbar, die Last gut prognostizierbar. Überschüsse entstanden hauptsächlich zu wirtschaftlichen Gründen in den Nachtstunden und konnten in Pumpspeichern zwischengespeichert werden.

Mit dem Zubau volatiler Erzeugungsanlagen seit der Jahrtausendwende hat sich dieses System grundlegend verändert. Die neuen Anlagen sind geografisch an Windaufkommen und Sonneneinstrahlung gebunden und über zahlreiche dezentrale Einheiten im liberalisierten Marktgebiet verteilt. Die Erzeugungsregionen liegen oftmals weit entfernt von den Lastzentren, sodass Strom zunehmend vom Verteilnetz in das Übertragungsnetz und wieder zurück geleitet werden muss – mit entsprechend höheren Anforderungen an Netzkapazitäten und -stabilität. Die größte Herausforderung besteht jedoch darin, neben der räumlichen auch die zeitliche Entkopplung zwischen Erzeugung und Verbrauch zu bewältigen. Die Diskrepanz zwischen Stromerzeugung und -bedarf wird umso kritischer, je mehr fossil-thermische Kraftwerke außer Betrieb gehen.

Energiespeicher sind prädestiniert, einen signifikanten Beitrag zur Lösung dieses Problems zu leisten. Ihre Potenziale werden jedoch derzeit durch regulatorische Hemmnisse eingeschränkt.

5.2 Funktionsweise des Strommarkts

Die zentrale Besonderheit des Stromhandels besteht darin, dass elektrische Energie im physikalischen Sinne nur sehr begrenzt speicherbar ist. Eine Unterproduktion zum Zeitpunkt t kann daher nicht durch eine Überproduktion zum Zeitpunkt $t + 1$ ausgeglichen werden. Da Endkunden nur eingeschränkt auf aktuelle Marktbedingungen reagieren können, hängt der Stromhandel stark von den jeweils vorherrschenden Produktionsbedingungen ab.

Die zeitliche Struktur der Handelssegmente im deutschen Strommarkt ist in Abb. 5.5 dargestellt. Märkte mit der längsten Vorlaufzeit sind die börslichen und außerbörslichen Terminmärkte. Der überwiegende Teil des Handels an diesen Märkten erfolgt bilateral („over the counter", OTC) zwischen den Marktteilnehmern. Der Vorteil des OTC-Handels liegt darin, dass dort spezifische Lastprofile abgesichert und gehandelt werden können, die im börslichen Handel nicht abbildbar sind.

Am börslichen Terminmarkt werden zukünftige Stromlieferungen gehandelt („Futures"), wobei zwischen Monats-, Quartals- und Jahresfutures sowie zwischen sogenannten Base- und Peak-Futures unterschieden wird. Base-Futures verpflichten zur kontinuierlichen Lieferung über den gesamten Lieferzeitraum, während Peak-Futures ausschließlich die Hauptverbrauchszeit zwischen 8 und 20 Uhr an Werktagen abdecken [120]. Neben dem Terminmarkt existieren zwei Spotmärkte: der Day-Ahead-Markt und der Intraday-Markt. Wie der Name bereits vermuten lässt, werden am Day-Ahead-Markt Lieferungen für den Folgetag gehandelt. Im Gegensatz zum Terminmarkt können hier einzelne Stunden gehandelt werden; zudem ist das minimale Kontraktvolumen mit 0,1 MW deutlich geringer. Die Kauf- und Verkaufspreise werden für jede Stunde in Tabellenform an die Börse übermittelt, aus denen das Clearing House der European Energy Exchange (EEX) den markträumenden Preis für

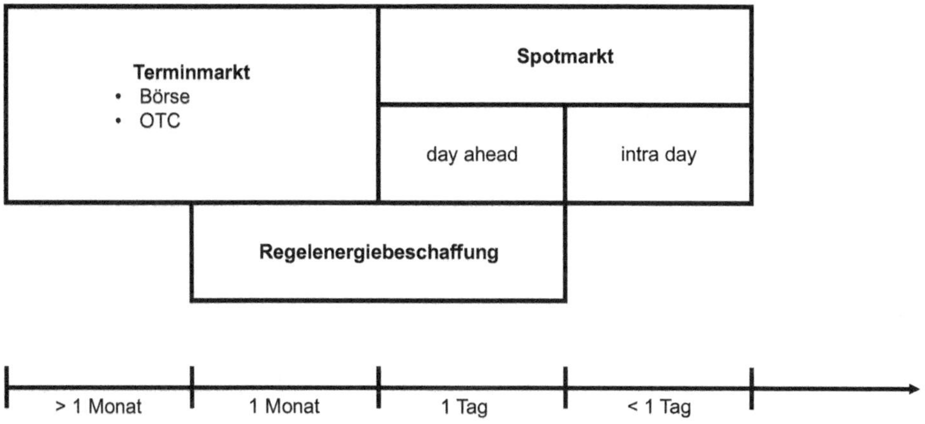

Abb. 5.5 Funktionsweise Strommärkte. (Eigene Darstellung nach [120, S. 255])

jede Stunde ermittelt. Unabhängig von der Höhe ihres Gebots erhalten alle Bieter, deren Angebot angenommen wurde, diesen markträumenden Preis.

Am Intraday-Markt wird bis zu 45 min vor physischer Lieferung gehandelt. Er ist jedoch weniger liquide als der Day-Ahead-Markt. Im Intraday-Handel werden hauptsächlich Mengen gehandelt, die aufgrund kurzfristiger Änderungen in der Erzeugung oder im Verbrauch zusätzlich angeboten oder nachgefragt werden können [120].

Zum Verständnis des markträumenden Preises ist in Abb. 5.6 die Merit-Order dargestellt. Diese ordnet die Kraftwerke nach ihren Grenzkosten, also den Kosten für die letzte erzeugte Stromeinheit, die zur Deckung der Gesamtnachfrage erforderlich ist. Die Merit-Order ist somit unabhängig von den Fixkosten einer Technologie und wird maßgeblich durch die variablen Kosten, insbesondere Brennstoffpreise und Kosten für Treibhausgaszertifikate, bestimmt. Der markträumende Preis ergibt sich aus dem Schnittpunkt von Angebot und Nachfrage und wird durch das Kraftwerk mit den höchsten noch zum Zuge kommenden Grenzkosten (das sogenannte Grenzkraftwerk) festgelegt. Alle zur Einspeisung zugelassenen Kraftwerke erhalten denselben markträumenden Preis, unabhängig von ihrem ursprünglichen Gebot.

Mit der Einführung von CO_2-Preisen wurden fossile Stromerzeugungskosten gezielt verteuert, um Anreize für treibhausgasneutrale Technologien zu schaffen. Gleichzeitig führen die geringen bis nahezu fehlenden variablen Kosten volatiler erneuerbarer Energien dazu, dass die durchschnittlichen Stromerzeugungskosten mit wachsendem Anteil erneuerbarer Einspeisung sinken. Dies verdrängt vor allem Spitzenlastkraftwerke und Speichertechnologien, die auf hohe Preise in wenigen Stunden des Jahres angewiesen sind.

Das Merit-Order-Modell ist ein statisches Modell, das sich zur kurzfristigen Preisbildung eignet, jedoch keine langfristigen Effekte wie Zubau oder Stilllegung von Kraftwerken sowie deren Fixkosten berücksichtigt. Das „energy-only"-Modell schafft keinen Anreiz, Speicherkapazitäten vorausschauend zu errichten, um sie bei künftig steigendem Bedaf ver-

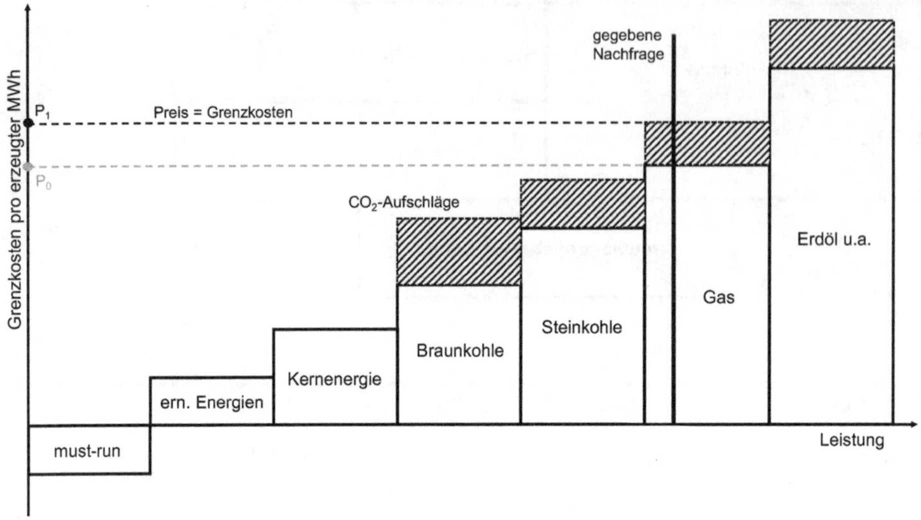

Abb. 5.6 Merit Order. (Eigene Darstellung nach [120, S. 250])

fügbar zu haben. Entsprechende Anreize entstehen erst dann, wenn sich dauerhaft große Strompreisschwankungen abzeichnen. Ein solcher zeitverzögerter Ausbau von Speichern kann jedoch erhebliche Risiken für die Stabilität und Resilienz des Energiesystems mit sich bringen [94]. Die Marktteilnehmer melden ihre Handelsaktivitäten sowie die daraus resultierenden Ein- und Ausspeisungen über ihre Bilanzkreise an den zuständigen Netzbetreiber. Nach Abschluss der Handelsaktivitäten übernehmen die Übertragungsnetzbetreiber (ÜNB) die Kontrolle über das Netz. Ab diesem Zeitpunkt sind sie für den sicheren Netzbetrieb verantwortlich und somit auch für die Beschaffung und den Einsatz von Regelenergie.

Regelenergie wird benötigt, wenn Einspeisung und Entnahme nicht im Gleichgewicht sind. Ursachen hierfür können ungeplante Kraftwerksausfälle, Prognosefehler im Stromverbrauch oder unvorhergesehene Schwankungen bei der Einspeisung volatiler erneuerbarer Energien sein. Diese Abweichungen führen zu Frequenzschwankungen im Netz, die vom Sollwert von 50 Hz abweichen. Um die Netzfrequenz zu stabilisieren, müssen die Übertragungsnetzbetreiber Regelenergie kontrahieren. Da sie als regulierte Monopolisten keine eigenen Erzeugungskapazitäten besitzen dürfen, erfolgt die Beschaffung über Regelenergieauktionen. Die dabei verwendeten Produkte sind in Abb. 5.7 dargestellt [120].

Die Momentanreserve wird nicht marktlich beschafft, sondern physikalisch bereitgestellt – durch die rotierenden Massen großer Generatoren, die das Netz durch ihre Trägheit stabilisieren. Diese Form der Reserve wird künftig stark abnehmen, da sie hauptsächlich in konventionellen thermischen Großkraftwerken vorhanden ist.

Die Primärregelleistung (PRL) wird automatisch aktiviert, muss innerhalb von 5–30 s vollständig verfügbar sein und mindestens 15 min vorgehalten werden. Die Sekundärregelleistung (SRL) wird innerhalb von 5–15 min nach Auftreten einer Störung bereitgestellt und

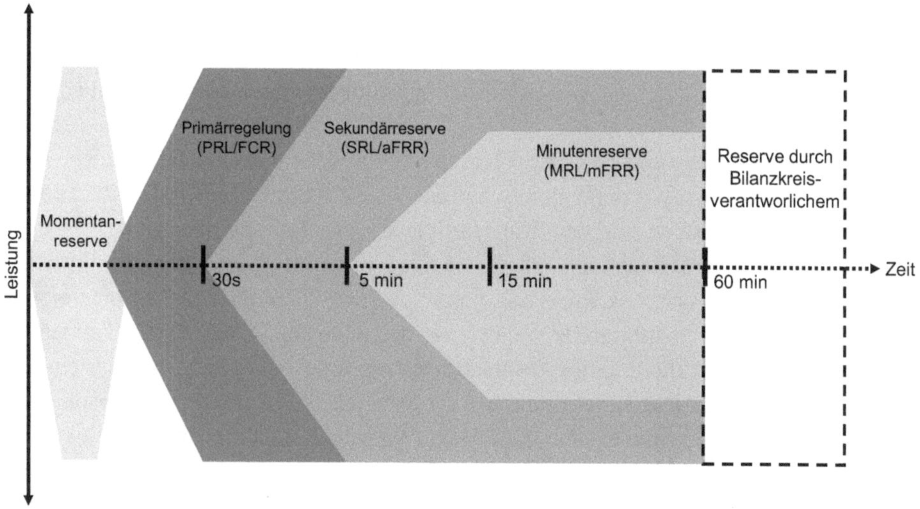

Abb. 5.7 Funktionsweise Regelleistungsmarkt. (Eigene Darstellung nach [94])

löst die Primärregelleistung ab. Anschließend übernimmt die Minuten- oder Tertiärregelleistung (MRL/TRL) die Frequenzstabilisierung; sie wird manuell aktiviert, bleibt bis zu einer Stunde wirksam und übergibt danach die Verantwortung für den Ausgleich wieder an die Bilanzkreisverantwortlichen [120].

Während die Regelleistung direkt auf Abweichungen der Netzfrequenz reagiert, befassen sich nicht-frequenzgebundene Systemdienstleistungen (nf-SDL) mit anderen Aspekten der Netzstabilität und -qualität. Zu den nicht-frequenzgebundenen Systemdienstleistungen gehören:

- Kurzschlussstrom
- Dynamische Blindstromstützung
- Trägheit zur lokalen Netzstabilisierung
- Inselbetriebsfähigkeit
- Schwarzstartfähigkeit
- Spannungsregelung (Bereitstellung von Blindleistung)

Nicht-frequenzgebundene Systemdienstleistungen gewinnen in einem zunehmend volatilen Energiesystem an Bedeutung: Es fehlen die großen rotierenden Massen konventioneller Kraftwerke, die durch ihre Trägheit eine systemrelevante Pufferwirkung bereitstellen. Das stärker auf Wechselrichtern basierende Energiesystem speist anders ein; die höhere Volatilität geht einher mit Netzengpässen, Redispatch, regionalen Spannungsschwankungen und einem erhöhten Risiko eines Schwarzfalls.

Die Bedeutung nicht-frequenzgebundener Systemdienstleistungen wurde von der EU-Kommission erkannt. Die Mitgliedstaaten sind angehalten, nf-SDL – sofern technisch möglich – marktlich auszuschreiben. Dieser Umstellungsprozess ist derzeit noch nicht vollständig abgeschlossen.

Das heutige Energiesystem befindet sich in einer Zäsur: Das über ein Jahrhundert gewachsene Elektrizitätssystem, geprägt durch zentrale, fossil-thermische Großkraftwerke mit hoher gesicherter Leistung und den Transport elektrischer Energie über große Distanzen in die Lastzentren ehemals monopolistischer Versorgungsgebiete, wandelt sich schrittweise in ein dezentrales, erneuerbares Energiesystem mit hohen Volatilitäten und geringerer gesicherter Leistung. Dieser strukturelle Wandel erfordert auch ein regulatorisches Umdenken, da die bestehende Regulierung die Anforderungen eines zukünftigen Energiesystems nur unzureichend abbildet. Durch Subventionierung und Einspeisevorrang erneuerbarer Energien wurden viele Spitzenlastkraftwerke aus der Wirtschaftlichkeit gedrängt – obwohl sie ursprünglich dazu vorgesehen waren, die residuale Last zu decken. Derzeit kann diese Erzeugungslücke noch durch den Bestand an fossil-thermischen Großkraftwerken geschlossen werden. Mit dem Ausstieg aus der Kernenergie und der Kohleverstromung wird dies künftig jedoch nicht mehr möglich sein. Der schnelle Zubau großer Erzeugungskapazitäten aus erneuerbaren Energien bei gleichzeitigem Weiterbetrieb des bestehenden Kraftwerksparks hat in den vergangenen Jahren sowohl das allgemeine Strompreisniveau als auch die Preisspreizung verringert. Dadurch bestand bislang kein wirtschaftlicher Anreiz, Preisdifferenzen beispielsweise über Energiespeicherung auszunutzen. Mit dem sukzessiven Rückgang der thermischen Erzeugungskapazitäten zeigt sich jedoch zunehmend, dass der bestehende Energy-only-Markt den Herausforderungen eines vollständig erneuerbaren Energiesystems nicht mehr gerecht wird. Die Vergütung reiner Stromlieferung schafft weder Anreize zum Bau von Spitzenlastkraftwerken mit geringen Einsatzzeiten und hohen spezifischen Kosten noch zur bedarfsgerechten Einspeisung volatiler Erzeugungsanlagen. Offen bleibt daher, ob die residuale Last künftig überwiegend durch Stromimporte aus dem europäischen Ausland, Energiespeicher oder durch Demand Side Management gedeckt werden kann. Die Herausforderungen bestehen dabei nicht nur auf der Erzeugungsseite, sondern ebenso im Übertragungsnetz und in den daraus resultierenden Kosten, wie im Folgenden erläutert wird.

5.3 Letztverbraucherabgaben und Netznutzungsentgelte

Das deutsche Energierecht unterschied über viele Jahre lediglich zwischen Erzeugungsanlagen, Übertragungsnetzen und Letztverbrauchern [17, § 3]. Durch den Beschluss des Kartellsenats des Bundesgerichtshofs (Az. EnVR 56/08) vom 17. November 2009 wurde entschieden, dass „Betreiber eines Pumpspeicherkraftwerks, der für dessen Betrieb aus dem Netz Strom entnimmt, [...] Letztverbraucher im Sinne des § 3 Nr. 25 EnWG und damit entgeltpflichtiger Netznutzer nach § 14 Abs. 1 Satz 1 StromNEV" sind. Damit wurden Energiespeicher grundsätzlich als Letztverbraucher eingestuft und sind beim Strombezug aus dem

Netz zur Zahlung sämtlicher Abgaben, Umlagen und Netzentgelte verpflichtet. Auf Druck der Europäischen Union, Energiespeicher als eigenständiges Element des Elektrizitätssystems anzuerkennen, wurde am 16. Juli 2021 das Gesetz zur Umsetzung unionsrechtlicher Vorgaben und zur Regelung reiner Wasserstoffnetze im Energiewirtschaftsrecht verabschiedet. Dieses führte erstmals den Begriff der Energiespeicheranlage in das Energiewirtschaftsgesetz ein. Abweichend von der unionsrechtlichen Definition hielt der deutsche Gesetzgeber jedoch zunächst am Verbrauchsbegriff fest. Energiespeicheranlagen wurden demnach definiert als „Anlagen, die elektrische Energie zum Zwecke der elektrischen, chemischen, mechanischen oder physikalischen Zwischenspeicherung verbrauchen und als elektrische Energie erzeugen oder in einer anderen Energieform wieder abgeben“[3]. Durch die Beibehaltung des Verbrauchsbegriffs blieb auch der Letztverbraucherstatus von Energiespeichern zunächst unverändert. Mit dem Gesetz zur Änderung des Energiewirtschaftsrechts im Zusammenhang mit dem Klimaschutz-Sofortprogramm und zu Anpassungen im Recht der Endkundenbelieferung, das am 11. November 2023 verabschiedet wurde, erfolgte schließlich die Umsetzung der unionsrechtlich geforderten Speicherdefinition. Damit wurde einem möglichen Vertragsverletzungsverfahren der EU wegen unzureichender Umsetzung vorgegriffen. Seit dem 1. Juli 2023 gilt eine Energiespeicheranlage gemäß § 3 Nr. 15d EnWG als „Anlage in einem Elektrizitätsnetz, mit der die endgültige Nutzung elektrischer Energie auf einen späteren Zeitpunkt als den ihrer Erzeugung verschoben wird oder mit der die Umwandlung elektrischer Energie in eine speicherbare Energieform, die Speicherung solcher Energie und ihre anschließende Rückumwandlung in elektrische Energie oder Nutzung als ein anderer Energieträger erfolgt“ [17, § 3 Nr. 15d]. Es ist davon auszugehen, dass infolge dieser Neudefinition auch die Regelungen zu Abgaben, Umlagen und Netzentgelten angepasst werden. Eine konkrete Ausgestaltung dieser Anpassungen ist derzeit (Stand: November 2023) jedoch noch nicht absehbar[4].

5.3.1 Letztverbraucherabgaben

Nachfolgend werden die für Letztverbraucher relevanten Abgaben aufgelistet und beschrieben. Seit dem 1. Juli 2023 gilt die neue Definition für Energiespeicheranlagen, wodurch Energiespeicher als eigenständiges Element des Elektrizitätssystems gelten und beim Strombezug grundsätzlich nicht mehr als Letztverbraucher einzustufen sind. Die regulatorischen Bestimmungen zu Letztverbraucherabgaben und Netzentgelten wurden bislang jedoch nicht angepasst, sodass im Folgenden der derzeitige Status quo dargestellt wird.

[3] Diese Definition wurde in der aktuellen Fassung des EnWG an den Vorschlag der EU angepasst.

[4] Ende November 2025 hat die Bundesnetzagentur ein Papier veröffentlicht und Vorschläge für Netzentgeltkomponenten zur Konsultation vorgelegt. Hierin sind Entgeltkomponenten mit Finanzierungsfunktion (statische Entgelte) und Anreizfunktion (dynamische Entgelte) vorgesehen.

EEG-Umlage

Das Ziel der EEG-Umlage besteht darin, die bisher überwiegend fossil-nukleare Stromversorgung in eine nachhaltige und treibhausgasneutrale Stromerzeugung zu transformieren, die vollständig auf erneuerbaren Energien basiert. Bis zum Jahr 2030 soll mindestens 80 % des Bruttostromverbrauchs aus erneuerbaren Quellen gedeckt werden. Der Ausbau der erneuerbaren Energien soll dabei stetig, kosteneffizient sowie umwelt- und netzverträglich erfolgen. Anlagenbetreiber erhalten für die von ihnen eingespeiste Strommenge eine feste Vergütung über einen definierten Zeitraum, die über die EEG-Umlage finanziert wird.

Die EEG-Umlage ist grundsätzlich von allen Letztverbrauchern zu entrichten. Bevor Energiespeicheranlagen im Energiewirtschaftsgesetz (EnWG) gesetzlich definiert wurden, galten sie beim Strombezug aus dem Netz als Letztverbraucher und waren somit grundsätzlich zur Zahlung der EEG-Umlage verpflichtet. Durch § 61l EEG wurde eine Befreiung eingeführt: „Für Strom, der in einem Kalenderjahr zum Zweck der Zwischenspeicherung in einem elektrischen, chemischen, mechanischen oder physikalischen Stromspeicher verbraucht wird, verringert sich der Anspruch auf Zahlung der EEG-Umlage in diesem Kalenderjahr in der Höhe und in dem Umfang, in der die EEG-Umlage für Strom, der mit dem Stromspeicher erzeugt wird, gezahlt wird, höchstens aber auf null." [21, § 61l] Voraussetzung für die Befreiung ist, dass sämtliche Strommengen mess- und eichrechtskonform erfasst werden.

KWK-Umlage

Das Ziel der KWK-Umlage besteht darin, die Nettostromerzeugung aus Kraft-Wärme-Kopplungsanlagen (KWK-Anlagen) auf 110 TWh bis zum Jahr 2020 sowie auf 120 TWh bis zum Jahr 2025 zu steigern, um Energieeinsparungen zu fördern und Umwelt- sowie Klimaschutzziele zu unterstützen. Das Gesetz regelt sowohl die Abnahme von KWK-Strom aus fossilen Brennstoffen als auch die Zahlung von Zuschlägen durch die Netzbetreiber. Zwischengespeicherter Strom ist ebenfalls von der KWK-Umlage befreit; § 27b verweist dabei ausdrücklich auf § 61l des EEG [24, § 27b].

Offshore-Netzumlage (ehemals Offshore-Haftungsumlage)

Mit den Einnahmen aus der Offshore-Haftungsumlage (seit 2019 Offshore-Netzumlage) werden die Kosten aus Entschädigungszahlungen bei Störungen oder Verzögerungen der Anbindung von Offshore-Anlagen sowie die Kosten für Errichtung und Betrieb der Offshore-Anbindungsleitungen gedeckt. Auf diese Weise wurden die seinerzeit noch unsicheren Risiken von Offshore-Windkraftanlagen auf die Letztverbraucher übertragen. Gemäß § 17f Abs. 5 EnWG sind die Netzbetreiber berechtigt, die geleisteten Entschädigungszahlungen gegenüber den Letztverbrauchern geltend zu machen. Für die Anwendung gelten die §§ 26a bis 28 EnWG und damit auch § 27b KWKG, welcher wiederum auf § 61l EEG verweist. Durch diesen Verweis werden Energiespeicher von der Zahlung der Offshore-Netzumlage befreit [25].

Abschaltbare Lasten Umlage

Durch die Verordnung über Vereinbarungen zu abschaltbaren Lasten (AbLaV, § 18) erhalten die Übertragungsnetzbetreiber die Möglichkeit, Ausschreibungen durchzuführen, an denen Anbieter teilnehmen können, die zuverlässig ihre Verbrauchsleistung auf Anforderung der Übertragungsnetzbetreiber reduzieren können. Die Kosten für die Bereitstellung und das Abschalten dieser Lasten werden über die AbLaV-Umlage gedeckt. Auch auf diese Umlage verweist § 27b KWKG, welcher wiederum auf § 61 l EEG verweist und damit Energiespeicher von der Zahlung der AbLaV-Umlage befreit [26].

Stromsteuer

Die Stromsteuer erfasst den Verbrauch elektrischer Energie innerhalb des deutschen Steuergebiets. Bei ihrer Einführung im Jahr 1999 sollte sie einen Anreiz zur Reduzierung des Stromverbrauchs schaffen. Gemäß § 5 Abs. 4 StromStG sind stationäre Batteriespeicher von der Stromsteuer befreit. § 9 Abs. 1 Nr. 2 StromStG sieht vor, dass Strom, der zur Stromerzeugung entnommen wird, ebenfalls steuerfrei ist. In § 12 Abs. 1 Nr. 2 StromStV werden hierzu explizit auch „Pumpspeicherkraftwerke zum Fördern der Speichermedien zur Erzeugung von Strom im technischen Sinne" gezählt. Wasserstoffspeicher werden in der Verordnung nicht namentlich genannt, es ist jedoch davon auszugehen, dass sie ebenfalls unter diese Regelung fallen [18].

Konzessionsabgabe

Die Verordnung über Konzessionsabgaben für Strom und Gas (KAV) regelt die Entgelte, die Energieversorgungsunternehmen „für die Einräumung des Rechts zur Benutzung öffentlicher Verkehrswege für die Verlegung und den Betrieb von Leitungen, die der unmittelbaren Versorgung von Letztverbrauchern im Gemeindegebiet mit Strom und Gas dienen" (§ 1 Abs. 2 KAV) zu zahlen haben. Da Energiespeicher bislang als Letztverbraucher eingestuft wurden, wären sie grundsätzlich zur Zahlung von Konzessionsabgaben verpflichtet gewesen. Da jedoch davon ausgegangen werden kann, dass Großspeicher das kommunale Stromnetz nicht nutzen, sondern direkt in das Hoch- oder Höchstspannungsnetz einspeisen, wird angenommen, dass Energiespeicher keine Konzessionsabgaben entrichten müssen [20].

Umlage für Sonderformen der Netznutzung

Nach der Stromnetzentgeltverordnung (StromNEV) können Letztverbraucher gemäß § 19 Abs. 2 Satz 1 bzw. Satz 2 StromNEV ein individuelles Netzentgelt beantragen. Individuelle Netzentgelte dienen insbesondere der Entlastung stromintensiver Unternehmen. Auch Anlagen zur Wasserstoffelektrolyse sind von der Umlage befreit. Die Betreiber von Übertragungsnetzen sind verpflichtet, die durch diese verringerten Netzentgelte entgangenen Erlöse den nachgelagerten Betreibern von Verteilnetzen zu erstatten. Letztlich werden diese entgangenen Erlöse anteilig als Aufschlag auf die Netzentgelte auf alle Letztverbraucher umgelegt. Durch einen Verweis in § 19 Abs. 2 Satz 15 auf das KWKG sind Energiespeicher ebenfalls von dieser Umlage befreit [23].

5.3.2 Netznutzungsentgelte

Zwar gehören Netznutzungsentgelte zu den Abgaben, die ein Letztverbraucher zu entrichten hat, sie sind jedoch nicht an den Status als Letztverbraucher gebunden, sondern an den Zugang zu und die Nutzung des Übertragungsnetzes. Mit § 24 EnWG wird die Bundesregierung ermächtigt, mit Zustimmung des Bundesrates die Bedingungen für den Netzzugang sowie die Festlegung der Netzentgelte zu regeln. Die Verordnung über die Entgelte für den Zugang zu Elektrizitätsversorgungsnetzen (StromNEV) legt die Methoden zur Ermittlung der Netzentgelte fest (vgl. Abschn. 5.3.3). Nach § 118 Abs. 6 EnWG sind neu errichtete Anlagen zur Speicherung elektrischer Energie, die ab dem 04. August 2011 innerhalb von 15 Jahren in Betrieb genommen werden, für einen Zeitraum von 20 Jahren ab Inbetriebnahme von Netzentgelten befreit. Von dieser Regelung profitieren insbesondere Batteriespeicher, da ihr Bau gefördert und das Planungs- und Genehmigungsverfahren einfacher ist (vgl. Abschn. 6.1). Weiterhin gilt, dass Pumpspeicherkraftwerke, deren Pump- oder Turbinenleistung um mindestens 7,5 % bzw. deren speicherbare Energiemenge um mindestens 5 Macht ein Energiespeicher keinen Gebrauch von diesen Befreiungstatbeständen, ist er verpflichtet, Netznutzungsentgelte zu zahlen. Die Netznutzungsentgelte werden jährlich vom jeweiligen Übertragungsnetzbetreiber neu ermittelt und veröffentlicht. Aufgrund der historisch gewachsenen Struktur des deutschen Übertragungsnetzes existieren im Unterschied zu anderen europäischen Ländern vier Übertragungsnetzbetreiber mit jeweils unterschiedlichen Preisblättern. Da alle in dieser Arbeit betrachteten Energiespeicher in Baden-Württemberg liegen, werden die Netznutzungsentgelte für dieses Szenario analysiert.

$$K_{\S\,19(2)} = 0{,}2 \cdot [E \cdot AP + P \cdot LP]_{<2500\,h} \qquad (5.1)$$

Grundsätzlich setzen sich die Netznutzungsentgelte aus einem Arbeits- und einem Leistungspreis (AP bzw. LP) zusammen. Dabei wird die entnommene Maximalleistung P pro Jahr mit dem Leistungspreis LP multipliziert. Die entnommene Strommenge E wird mit dem Arbeitspreis AP multipliziert, und beide Komponenten werden zur Berechnung des Gesamtentgelts addiert. Gemäß § 19 Abs. 2 StromNEV gilt: „Ist [...] offensichtlicht, dass der Höchstlastbeitrag eines Letztverbrauchers vorhersehbar erheblich von der zeitgleichen Jahreshöchstlast aller Entnahmen aus dieser Netz- oder Umspannebene abweicht, haben Betreiber von Elektrizitätsversorgungsnetzen diesem Letztverbraucher in Abweichung von § 16 ein individuelles Netzentgelt anzubieten, das dem besonderen Nutzungsverhalten des Netzkunden angemessen Rechnung trägt und nicht weniger als 20 % des veröffentlichten Netzentgeltes betragen darf.“ In der Praxis veröffentlicht der Übertragungsnetzbetreiber Hochlastzeitfenster, innerhalb derer die entnommene Leistung reduziert werden muss, um von den reduzierten, individuellen Netzentgelten zu profitieren. Bei TransnetBW erstreckt sich das Hochlastzeitfenster vom 1. September bis 28. Februar werktags zwischen 8:00 und 18:00 Uhr. Innerhalb dieses Zeitraums darf ein Speicherbetreiber maximal 20 % seiner Maximalleistung entnehmen, um die Vergünstigungen zu erhalten. Im aktuellen, sich wandelnden Energiesystem ist jedoch nicht mehr sichergestellt, dass in allen Situationen

Tab. 5.1 Preisblatt Netznutzungsentgelte TransnetBW 2023

Benutzungsdauer	<2500 h	≥ 2500 h
Leistungspreis [€/kW × Jahr]	11,85	72,49
Arbeitspreis [ct/kWh]	2,95	0,53

innerhalb des Hochlastzeitfensters eine Reduktion der Leistung erforderlich ist. In einigen Fällen kann das Netz sogar zusätzliche Leistungsaufnahme benötigen. In solchen Situationen kann das Hochlastzeitfenster den effektiven Beitrag von Energiespeichern begrenzen, was derzeit Gegenstand regulatorischer Diskussionen ist. Wird die vorgeschriebene Leistungsreduktion nicht eingehalten, ist das vollständige Netzentgelt zu entrichten. In Tab. 5.1 ist das Preisblatt der TransnetBW für das Jahr 2023 dargestellt. Da die zeitgleiche Jahreshöchstlast als wesentlicher Kostentreiber angesehen wird, wird neben dem Arbeits- und Leistungspreis auch hinsichtlich der Nutzungsdauer unterschieden. Anhand einer Gleichzeitigkeitsfunktion ordnet der Netzbetreiber jedem Netznutzer einen Gleichzeitigkeitsgrad zwischen 0 und 1 zu. Die Gleichzeitigkeitsfunktion gibt die Wahrscheinlichkeit wieder, mit welchem Anteil die individuelle Einzelhöchstlast eines Netznutzers an der zeitgleichen Jahreshöchstlast der Netzebene beteiligt ist. Die Gleichzeitigkeitsfunktion wird durch zwei Geraden beschrieben, die sich in einem Knickpunkt schneiden. Dieser Knickpunkt definiert den Wechsel zwischen den Entgelten und wird grundsätzlich auf 2500 h pro Jahr festgelegt. Dies entspricht der grundlegenden Idee, dass Netznutzer, die mit ihrer individuellen Jahreshöchstlast mit hoher Wahrscheinlichkeit zum Zeitpunkt der Jahresnetzhöchstlast beteiligt sind, einen hohen Leistungsanteil zahlen müssen [36]. Mit § 19 Abs. 4 StromNEV wurde zudem eine alternative Methode zur Ermittlung der Netznutzungsentgelte eingeführt, die in Abbildung bzw. Tabelle … (bzw. Gl. 5.2) dargestellt ist.

$$K_{\S\,19(4)} = 0{,}2 \cdot (1 - \eta) \cdot P \cdot LP_{\geq 2500\,h} \tag{5.2}$$

Demnach entfällt der Arbeitspreis, und die Netzentgelte sind nur auf den Wirkungsgradverlust des Energiespeichers zu entrichten. Mit dem Argument, dass der Anlagenbetreiber nun nicht mehr auf die entnommene Strommenge achten muss und nach einmaliger Volllast eine „Flatrate" hat, wurde der Leistungspreis für eine Benutzungsdauer von über 2500 h angenommen. Der Gesetzgeber argumentierte weiter, dass Energiespeicher durch diese Flatrate einen Anreiz bekämen, verstärkt eingesetzt zu werden und eine höhere Nutzungsdauer zu erreichen. Die alternative Methode zur Berechnung der Netznutzungsentgelte, die als Verbesserung gedacht war, führt in der Praxis dazu, dass der Leistungspreis für eine Energiespeicheranlage deutlich steigt, sodass die notwendigen Erlöse um die gestiegenen Kosten kompensiert werden. Des Weiteren sind Energiespeicher in der Regel von anderen Faktoren wie Strompreisschwankungen oder dem Kraftwerksportfolio eines Energieversorgers abhängig, sodass Energiespeicher in der Realität meist keine 2500 Strombezugsstunden erreichen. Die ursprünglich als Flatrate angedachte Methode wurde von keinem Anlagenbetreiber angewandt. Im Nachhinein wurde die Möglichkeit ergänzt, ebenfalls eine Reduktion auf 20 % der Kosten zu erwirken, sofern sich der Anlagenbetreiber an die Hochlastzeitfenster hält. Die ursprünglich vorgesehene Flatrate wird damit auf 20 % Volllastbezug eingeschränkt [51].

Entwicklung der Netznutzungsentgelte

Zum besseren Verständnis sollen nachfolgend die in Abschn. 5.3.2 erläuterten Konstrukte zur Berechnung der Netznutzungsentgelte visualisiert werden. In Abb. 5.8 sind die Netznutzungsentgelte nach § 19 Abs. 2 und Abs. 4 EnWG für alle untersuchten Speicher dargestellt. Es sind zwei Trends zu erkennen: Zum einen sind die Netznutzungsentgelte in der vergangenen Dekade sukzessive angestiegen, und zum anderen sind sie theoretisch stark vom Wirkungsgrad der Anlage abhängig.

Vergleicht man die Ergebnisse für die Netznutzungsentgelte gemäß § 19 Abs. 2 EnWG, so ist festzustellen, dass die Netznutzungsentgelte umso geringer sind, je höher d-er Wirkungsgrad des Speichers, da im Verhältnis zur ausgespeicherten elektrischen Energie weniger elektrische Energie eingespeichert werden muss. Eine ähnliche Tendenz ist bei der Berechnung der Netznutzungsentgelte zu beobachten, die nach § 19 Abs. 4 EnWG ermittelt wurden. Hier wird der Einfluss des Wirkungsgrades besonders deutlich, da kein Arbeitspreis anfällt, die Leistung aller Energiespeicher einheitlich 200 MW beträgt und Netznutzungsentgelte nur auf den Leistungspreis und den Wirkungsgradverlust zu zahlen sind.

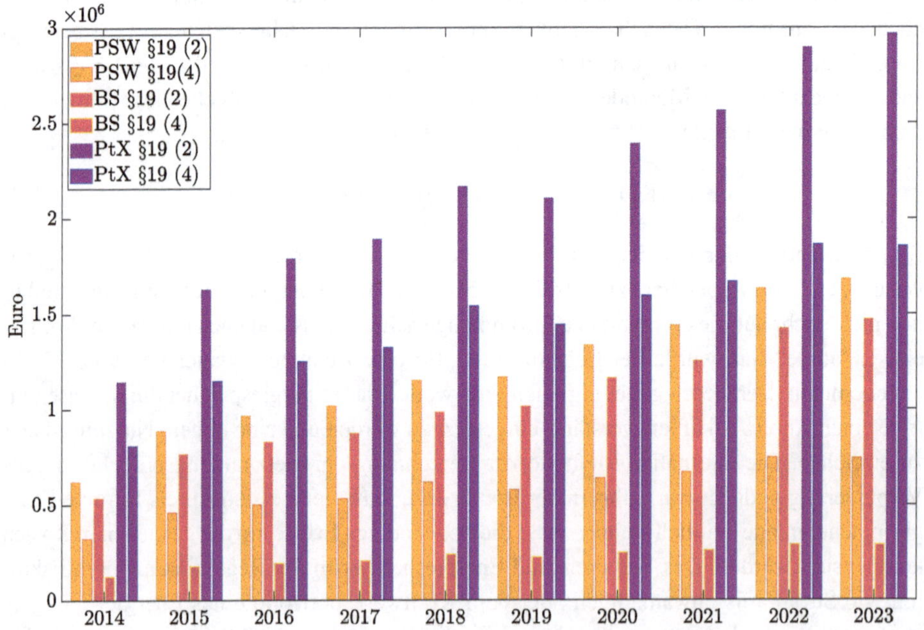

Abb. 5.8 Berechnung der Netznutzungsentgelte für fiktive Energiespeicher

Der Gesetzgeber hat in diesem Fall festgelegt, dass der Leistungspreis für mehr als 2500 Nutzungsstunden pro Jahr angelegt wird, der in den letzten Jahren zwischen sechs- und zehnmal so hoch war wie der Leistungspreis für weniger als 2500 Nutzungsstunden. Der ursprünglich als „Flatrate“ gedachte § 19 Abs. 4 sollte eine Verbesserung darstellen, da davon ausgegangen wurde, dass Energiespeicher mehr als 2500 h im Jahr eingesetzt werden.

Da für Arbitragegeschäfte der eingespeicherte Strom anschließend wieder am Markt verkauft werden müsste, ergäbe sich in dieser Logik eine jährliche Einsatzdauer von über 5000 h. Dies entspräche Nutzungszeiten, wie man sie eher von Grundlastkraftwerken kennt und liegt deutlich über dem typischen Einsatzprofil von Spitzenlastanlagen bzw. Energiespeichern. Da Energiespeicher jedoch primär zur Flexibilitätsbereitstellung gedacht sind und im Jahresverlauf nur begrenzt verwertbare Strompreisdifferenzen auftreten, erscheint dieses Szenario wenig realistisch.

Der Gesetzgeber hat deshalb die Möglichkeit eines netzdienlichen Betriebs unter Beachtung der Hochlastzeitfenster, ähnlich wie im § 19 Abs. 4, eingeräumt. Die ursprünglich als „Flatrate“ konzipierte Berechnung der Netznutzungsentgelte führt dazu, dass während sechs Monaten im Jahr wochentags in zehn von 24 h nur maximal 20 % der Bezugsleistung abgerufen werden darf. Der ursprüngliche Zweck ist damit nicht nur logisch nicht zu erreichen, sondern auch regulatorisch eingeschränkt.

5.3.3 Berechnung von Letztverbraucherabgaben für beispielhafte Energiespeicher

Um die Belastung der in Kap. 4 vorgestellten Energiespeichertechnologien hinsichtlich ihrer Wirtschaftlichkeit zu verdeutlichen, wird nachfolgend die jährliche Belastung mit Letztverbraucherabgaben und Netznutzungsentgelten veranschaulicht. Es wird hierbei davon ausgegangen, dass jeder Speicher eine Leistung von 200 MW hat und jährlich 152.315 MWh ausspeichert. Anhand der Wirkungsgrade der einzelnen Energiespeicher wird die einzuspeichernde Strommenge berechnet. Die nominelle Leistung des Energiespeichers ist für die Berechnung des Leistungspreises bei den Netznutzungsentgelten von Bedeutung, während aus der pro Jahr entnommenen Strommenge sowohl der Arbeitspreis für die Netznutzungsentgelte als auch alle Letztverbraucherabgaben kalkuliert werden.

Nachfolgend wird davon ausgegangen, dass alle Energiespeicher verpflichtet sind, die vollen Letztverbraucherabgaben und Netznutzungsentgelte zu zahlen. Bei letzterem wird angenommen, dass die Berechnung der Netznutzungsentgelte nach § 19 Abs. 2 StromNEV die günstigere Variante ist und die Reduktion auf 20 % bei Berücksichtigung der Hochlastzeitfenster[5] genutzt wird. Des Weiteren sind keine Befreiungstatbestände für einzelne Energiespeicher berücksichtigt. Die Ergebnisse sind in Abb. 5.9 dargestellt.

[5] Hochlastzeitfenster liegen ausschließlich an Werktagen vor. Wochenenden und Feiertage sind Schwachlastzeiten. Die Hochlastzeitfenster für Baden-Württemberg sind zwischen 8–18 Uhr, jeweils gültig vom 01.09.–28.02.

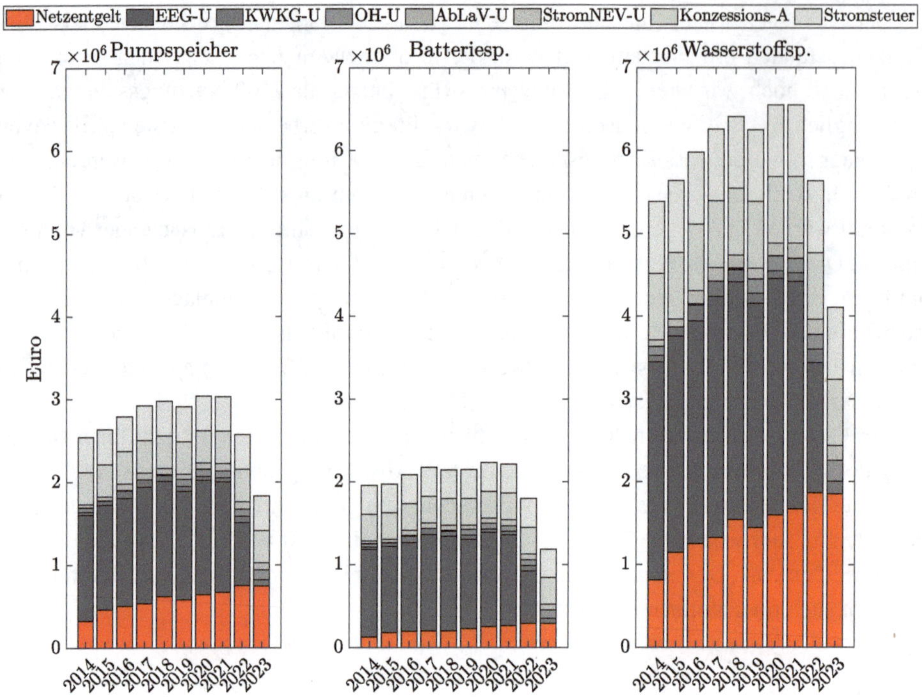

Abb. 5.9 Letztverbraucherabgaben für die untersuchten Energiespeicher

Es wird deutlich, dass die Letztverbraucherabgaben im letzten Jahrzehnt sukzessive gestiegen sind. Die EEG-Umlage stellt dabei die größte Einzelposition dar. Im Jahr 2022 wurde die EEG-Umlage durch die Bundesregierung zunächst reduziert, ehe sie im Jahr 2023 gänzlich abgeschafft wurde, wodurch die Reduktion der Letztverbraucherabgaben in diesen Jahren erklärt werden kann. Weiterhin ist zu erkennen, dass die Kosten für die Übertragungsnetze gestiegen sind, da die zu zahlenden Netznutzungsentgelte bei allen Speichern sukzessive steigen. Dies wird beispielsweise durch das gestiegene Volumen an notwendiger Regelenergie in den Regelzonen verursacht.

Da es zwei Möglichkeiten gibt, die Netznutzungsentgelte eines Energiespeichers zu berechnen, ist jeweils das günstigere Modell ausgewählt worden. Die funktionelle Einheit der untersuchten Energiespeicher ist die ausgespeicherte elektrische Energie. Diese wurde einheitlich festgelegt, sodass die einzuspeichernde elektrische Energie maßgeblich vom Wirkungsgrad des Energiespeichers abhängt. Dementsprechend ist dieser die wesentliche Einflussgröße bei der Berechnung der Letztverbraucherabgaben. Je geringer der Wirkungsgrad eines Energiespeichers, desto höher ist die einzuspeichernde elektrische Energie für eine fest definierte auszuspeichernde Energiemenge und desto größer sind die zu zahlenden Letztverbraucherabgaben. Deutlich wird dies beim Wasserstoffspeicher, welcher mit 36 % den mit Abstand geringsten Wirkungsgrad aller Energiespeicher hat und dementsprechend die höchsten Letztverbraucherabgaben entrichten muss. Der Wirkungsgrad des Pumpspeichers ist mit 74,3 % besser, und derjenige des untersuchten Batteriespeichers mit 90 % am höchsten, sodass der Batteriespeicher die geringsten Letztverbraucherabgaben entrichten muss.

Schon heute sind Energiespeicher von allen Letztverbraucherabgaben befreit. Darüber hinaus sind neue Energiespeicher für 20 Jahre von Netznutzungsentgelten befreit, während Pumpspeicher nach § 118 Abs. 6 EnWG die Möglichkeit haben, für 10 Jahre von Netznutzungsentgelten befreit zu werden, sofern sie ihre Leistung um 7,5 % oder ihre Kapazität um 55 % erhöhen. Ab dem Inkrafttreten der Energiespeicherdefinition im EnWG § 3 Nr. 15d am 01.07.2023 sind Energiespeicher ein eigenständiges Element[6] des Energiesystems und gesetzlich keine Letztverbraucher mehr. Es ist jedoch davon auszugehen, dass die bisherigen Befreiungstatbestände in ein neues regulatorisches Rahmenwerk übernommen werden.

Voraussichtlich anders gehandhabt werden zukünftig die Netznutzungsentgelte, die zwar eine Untermenge der Letztverbraucherabgaben darstellen, jedoch nicht an den Status als Letztverbraucher gekoppelt sind, sondern an die Netznutzung, welche unabhängig vom Status als Energiespeicher berechnet wird. Im nachfolgenden Abschnitt wird näher auf diese Thematik eingegangen.

5.4 Ausblick: Letztverbraucherabgaben

Die Haltung der Bundesregierung ist – im Mindesten – ambivalent. Während im Koalitionsvertrag der Bundesregierung aus dem Jahr 2021 konstatiert wird, dass es einer „raschen und umfassenden Reform der Finanzierungsarchitektur des Energiesystems" bedarf, „die staatlich induzierten Preisbestandteile im Energiesektor grundlegend [zu] reformieren" seien und „eine Reform der Netzentgelte" vorangetrieben werden solle, die die Transparenz stärkt, die Transformation zur Klimaneutralität fördert und die Kosten der Integration der erneuerbaren Energien fair verteilt [114], ist von der Umsetzung dieser Ziele bisher wenig zu erkennen. In einer Unterrichtung durch die Bundesregierung auf eine Anfrage des Deutschen Bundestages vom 10. März 2023, in der unter anderem ein Vorschlag unterbreitet werden sollte, wie die Netzentgeltsystematik weiterentwickelt werden kann, verteidigt die Bundesregierung den Status quo der aktuellen Situation hinsichtlich der Berechnung der Netzentgelte und geht im Ergebnis davon aus, „dass die geltenden Vorgaben den Pumpspeicherbetreibern in der Regel eine unverzerrte Marktteilnahme ermöglichen." Sie sieht daher keinen „Anlass, diese Regelungen anzupassen." [51] Die Bundesregierung hat zum einen erkannt, dass die Netzentgeltsystematik zu überarbeiten sei, ist aber gleichzeitig der Meinung, dass kein Anlass besteht, diese Regelungen anzupassen. Obwohl die Energie- und Klimaziele wiederholt nicht erreicht werden und die von der EU-Kommission angestoßenen Reformen nur bei zu erwartenden Klageverfahren umgesetzt werden, ist bislang nur die Forderung umgesetzt worden, Energiespeicher als eigenständiges Element im Energiewirtschaftsgesetz zu definie-

[6] Oftmals ist neben Erzeugung, Transport und Verbrauch von der „vierten Säule" die Rede.

ren und den regulatorischen Rahmen für die zukünftig notwendigen Speicherkapazitäten zu schaffen. Des Weiteren ist durch eine Reform der Netzentgelte und die Anpassung staatlich induzierter Preisbestandteile der Energiesektor an die Gegebenheiten der Zukunft anzupassen. Die in den Jahren 2019–2022 noch ausreichend am Netz vorhandenen Grundlastkraftwerke werden sukzessive vom Netz gehen – zunächst die Kernkraftwerke im Jahr 2023 und spätestens 2038, eher 2030, alle Kohlekraftwerke. Die Notwendigkeit, volatile Erzeugung an den Verbrauch anzupassen, wird zunehmen. Es muss einen marktlichen Anreiz geben, Speicherkapazitäten zu bauen, den es nicht geben wird, sofern die Letztverbraucherfrage ungelöst bleibt[7]. Mit Abb. 5.10 soll die Herausforderung verdeutlicht werden. Ausgehend von einem Bezugspreis von 100 €/MWh sind die durchschnittlichen Strompreisdifferenzen zwischen Tageshöchst- und Tagestiefpreis (nachfolgend „spreads" genannt) des Day-Ahead- (DA) und des stündlichen Intra-Day- (ID) Handels als gestrichelte Linien aus dem Jahr 2021 dargestellt. Der durchschnittliche spread im DA-Handel betrug 80,30 €/MWh, im stündlichen ID-Handel 138,20 €/MWh.

Bezieht ein Energiespeicher Strom zu 100 €/MWh, muss er mindestens die durch den Wirkungsgrad „verlorene" elektrische Energie zusätzlich erwirtschaften. Je niedriger der Wirkungsgrad, desto höher ist die benötigte Strompreisdifferenz. So kann der dargestellte

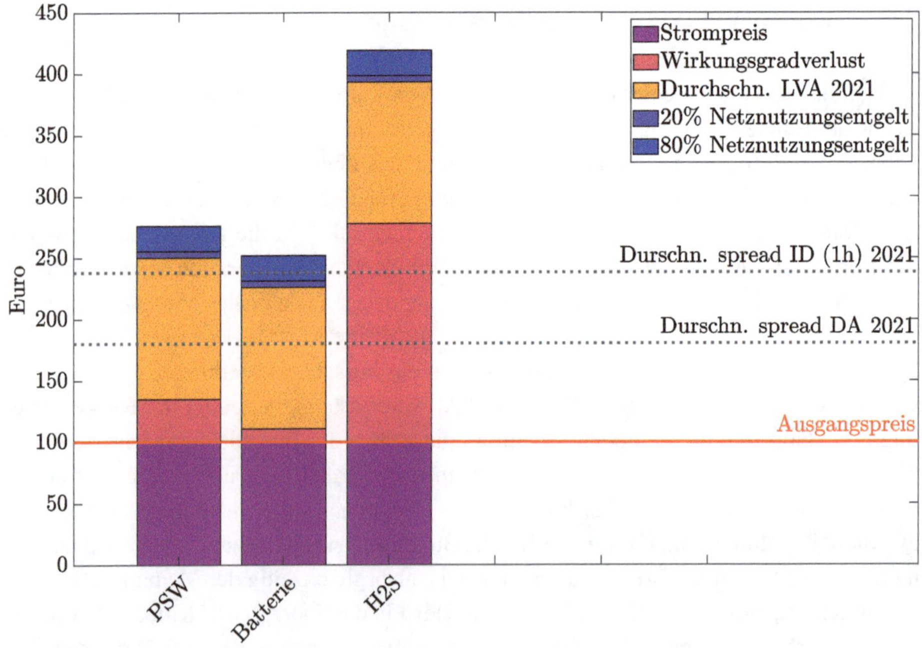

Abb. 5.10 Marktpreise inkl. Letztverbraucherabgaben und Spreads des Jahr 2021

[7] Ein Kapazitätsmarkt wird im Jahr 2025 diskutiert.

Wasserstoffspeicher am Markt nicht wirtschaftlich betrieben werden, da der Wirkungsgradverlust bereits höher ist als der durchschnittliche spread. Hinzu kommen Letztverbraucherabgaben und Netznutzungsentgelte, wodurch der erforderliche spread für einen wirtschaftlichen Betrieb weiter steigt. Wären alle Letztverbraucherabgaben und Netznutzungsentgelte zu zahlen, könnte schon heute kein Energiespeicher wirtschaftlich betrieben werden – ein erhebliches Problem für das zukünftige Energiesystem.

Das Energiesystem ist bereits heute an vielen Stellen regulatorisch eingeschränkt. Die Strompreisbremse setzt nicht nur eine Obergrenze für Strompreise der Letztverbraucher, sondern begrenzt auch Markterlöse von Marktteilnehmern. Der Treibhausgaspreis gilt zudem nicht für alle Sektoren, wodurch systemische Marktverzerrungen entstehen. Er wird ausschließlich auf Emissionen während des Betriebs fällig; die Emissionen bei Herstellung oder Recycling bleiben unberücksichtigt. Weitere Umweltauswirkungen, die in dieser Arbeit betrachtet wurden, werden ebenfalls nicht berücksichtigt.

Will man die im Koalitionsvertrag geforderte „Reform der Finanzierungsarchitektur des Energiesystems" ernst nehmen, müssen Anreize geschaffen werden, Energiespeicher sowohl im Allgemeinen zu bauen als auch die ökologisch nachhaltigste Variante auszuwählen. In dieser Arbeit wurde der Einsatzzweck der Speicher bisher ausgeklammert. Schon aus exergetischen[8] Gründen sollte kein Wasserstoffspeicher zur Speicherung von Strom eingesetzt werden, da hierbei mehr Exergie vernichtet als gespeichert wird. Der erzeugte Wasserstoff sollte möglichst effizient genutzt werden, vorzugsweise dort, wo eine Elektrifizierung nur schwer möglich ist, z. B. im Luft- oder Schiffsverkehr. Wasserstoffspeicher ergänzen Batterien und Pumpspeicher, statt mit ihnen zu konkurrieren.

Auch Batterien und Pumpspeicher stehen nicht in Konkurrenz zueinander, sondern ergänzen sich. Batterien sind modular, in kleineren Leistungs- und Kapazitätsklassen realisierbar und dezentral einsetzbar. Das Verhältnis von Leistung zu Kapazität beträgt etwa 1:1; sie eignen sich vor allem für Photovoltaikmodule im Kleinstmaßstab, Primärregelleistung in großem Maßstab und als Netzelement im größten Maßstab. Pumpspeicher verfügen als Tages- und Wochenspeicher über ein deutlich größeres, unabhängig skalierbares Verhältnis von Leistung zu Kapazität. Neben Arbitrage werden sie für Sekundärregelleistung eingesetzt. Mit ihren großen rotierenden Massen leisten sie auch für nicht-frequenzabhängige Systemdienstleistungen (z. B. Blindleistung) einen wesentlichen Beitrag und sind aufgrund ihrer Schwarzstartfähigkeit für die Versorgungssicherheit wichtig. Aufgrund des benötigten vertikalen Höhengefälles ist ihr Potenzial in Deutschland allerdings eingeschränkt. Bisherige Betrachtungen vernachlässigen ökologische Aspekte, die für die öffentliche Akzeptanz von Energiespeichern wichtig sind. Auch die Versorgungssicherheit in Bezug auf primäre Ressourcen wird kaum berücksichtigt. Spannungsfelder zeichnen sich bereits ab: Die russische Invasion in die Ukraine und der strategische Einsatz von Rohstoffen autoritärer Staaten wie China führen dazu, dass Länder wie Deutschland, die USA und die EU ihre Handelspolitik mit China und Russland überdenken müssen.

[8] „Die Exergie ist der Teil einer Energie, der bei einem bestimmten Umgebungszustand maximal in Arbeit gewandelt werden kann." [117]

6 Genehmigungsrechtliche Hemmnisse bei Energiespeichern

In der Theorie setzt der Strommarkt ausreichende Signale für den Bau neuer Energiespeicher. Diese bestehen in erster Linie aus großen Strompreisdifferenzen zwischen Tagestief- und Tagesspitzenpreis sowie aus einem attraktiven Regelenergiemarkt. In der Praxis stellen jedoch komplexe Planungs- und Genehmigungsverfahren ein Hindernis für die Umsetzung von Energiespeicherprojekten in Deutschland dar.

Nicht nur auf nationaler Ebene, sondern auch auf europäischer Ebene[1], gab es seit der Jahrtausendwende bedeutende Umbrüche und regulatorische Eingriffe, die den Strommarkt maßgeblich beeinflusst haben. Auf Bundesebene zählen hierzu u. A. das EEG mit dem bevorzugten Einspeisevorrang erneuerbarer Energien und dem damit einhergehenden Umbruch in der Merit-Order, der Kernenergieausstieg, der nach Fukushima erneut modifizierte Ausstiegsfahrplan sowie der geplante Ausstieg aus der Kohleverstromung bis spätestens 2038. Treibhausgaspreise aus dem europäischen Emissionshandelssystem (EU-ETS) sollen zusätzliche Anreize für erneuerbare Energien schaffen.

Die nationalen Maßnahmen werden durch Eingriffe und Vorgaben der EU-Kommission begleitet. So hat die Kommission im ersten Quartal 2023 eine Reform des europäischen Elektrizitätsbinnenmarktes vorgeschlagen, die die „grüne Wende" unterstützen sowie langfristige Lieferverträge mit nicht-fossilen Erzeugern und den Zubau von Speicherkapazitäten erleichtern soll. Die Richtlinien der EU-Kommission müssen von den Mitgliedstaaten in nationales Recht überführt werden, wobei diese einen gewissen Umsetzungsspielraum haben. Da die Entwicklung des regulatorischen Tempos sowohl auf nationaler als auch auf europäischer Ebene dynamisch ist, wird im Folgenden die aktuelle Situation in Deutschland für die Genehmigung von Energiespeichern dargestellt.

[1] Google: Commission proposes reform of the EU electricity market design to boost renewables, better protect consumers and enhance industrial competitiveness, 14.03.2023, (EU Reform Strommarkt).

O. Akpinar, *Stromspeicher*, https://doi.org/10.1007/978-3-658-51235-4_6

6.1 Bestimmung des höherrangigen Verfahrens

Das Verwaltungs- und Genehmigungsrecht für technische Anlagen ist langjährig etabliert. Maßgebend ist hierbei das Gesetz zum Schutz vor schädlichen Umwelteinwirkungen durch Luftverunreinigungen, Geräusche, Erschütterungen und ähnliche Vorgänge, abgekürzt: Bundes-Immissionsschutzgesetz (BImSchG). Das Gesetz hat zum Zweck, Menschen, Tiere, Pflanzen, Boden, Wasser, Atmosphäre sowie Kultur- und sonstige Sachgüter vor schädlichen Umwelteinwirkungen zu schützen [15, § 1, Abs. 1].

Die Anhänge des Gesetzes listen ausführlich auf, welche Vorhaben nach dem BImSchG genehmigt werden sollen. Dabei wird zwischen einem Genehmigungsverfahren nach § 10 BImSchG mit Öffentlichkeitsbeteiligung und einem vereinfachten Verfahren nach § 19 BImSchG unterschieden. Zu den grundsätzlich genehmigungspflichtigen Anlagen gehören unter anderem:

- Wärmeerzeugung, Bergbau und Energie
- Steine und Erden, Glas, Keramik und Baustoffe
- Stahl, Eisen und sonstige Metalle einschließlich Verarbeitung
- Chemische Erzeugnisse, Arzneimittel, Mineralölraffination und Weiterverarbeitung
- Oberflächenbehandlung mit organischen Stoffen, Herstellung von bahnenförmigen Materialien aus Kunststoffen, sonstige Verarbeitung von Harzen und Kunststoffen
- Holz, Zellstoff
- Nahrungs-, Genuss- und Futtermittel, landwirtschaftliche Erzeugnisse
- Verwertung und Beseitigung von Abfällen und sonstigen Stoffen
- Lagerung, Be- und Entladen von Stoffen und Gemischen
- Sonstige Anlagen

Anlagen zur Speicherung von Energie sind in diesen Aufzählungen nicht enthalten [15]. Daher muss vor Beginn der Planung bestimmt werden, welchem Genehmigungsverfahren der Bau eines Energiespeichers unterliegt. Hierfür ist zu klären, in welche Antragsgegenstände das Vorhaben einzuordnen ist. Die prinzipiell in Frage kommenden Verfahren sind in Abb. 6.1 dargestellt.

Die zuständige Behörde ergibt sich aus dem jeweils anzuwendenden Verfahren. Sind mehrere Verfahren relevant, muss zunächst deren Verhältnis zueinander geklärt werden. Dabei wird ein höherrangiges Verfahren (Trägerverfahren) festgelegt, aus dem Zuständigkeiten, Abläufe, Antragsumfang und weitere wesentliche Eckpunkte für die Genehmigung abgeleitet werden. Bei der Auswahl des höherrangigen Verfahrens spielt die Konzentrationswirkung eine entscheidende Rolle. Wird ein Planfeststellungsverfahren (PFV) durchgeführt, schließt dieses – soweit ebenfalls erforderlich – eine immissionsschutzrechtliche Genehmigung nach BImSchG, die Erlaubnis nach Betriebssicherheitsverordnung (BetrSichV) und die Baugenehmigung nach § 75 VwVfG mit ein. Die für das PFV zuständige Behörde ist

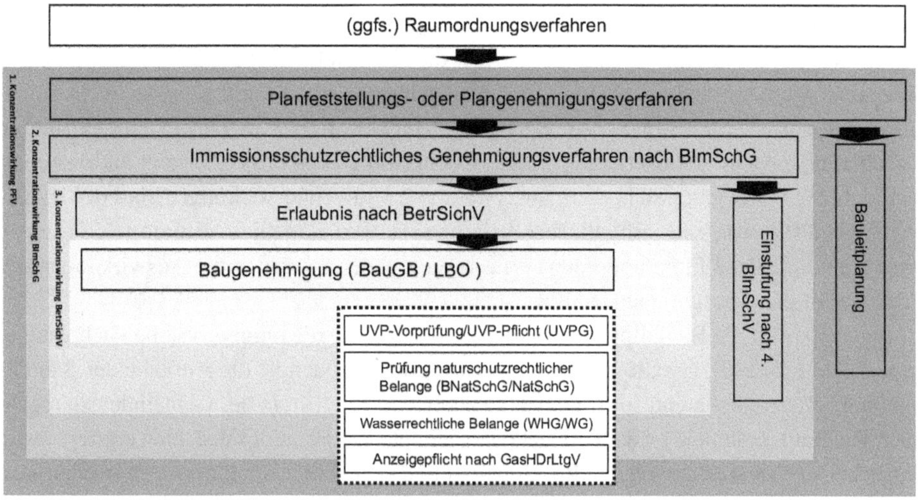

Abb. 6.1 Bestimmung des höherrangigen Verfahren. (Eigene Darstellung und Ergänzung nach [87])

Hauptansprechpartner für den Antragsteller und erteilt eine Hauptgenehmigung, in der alle weiteren Genehmigungen integriert sind.

Unabhängig von der jeweiligen Konzentrationswirkung ist in jedem Einzelfall zu prüfen, ob eine Umweltverträglichkeitsprüfung, eine Prüfung naturschutzrechtlicher Belange nach Bundes- und Landesrecht (BNatschG bzw. NatSchG), eine Prüfung wasserrechtlicher Belange nach Bundes- und Landesrecht (WHG bzw. WG) sowie eine Anzeigepflicht nach der Gashochdruckleitungsverordnung erforderlich ist. Diese Prüfungen werden dann jeweils in das Trägerverfahren integriert.

6.2 Pumpspeicher

Große Bauprojekte, wie etwa ein Neubau eines Pumpspeichers, erfordern in Deutschland häufig ein zweiteiliges Genehmigungsverfahren: ein Raumordnungsverfahren (ROV) und ein Planfeststellungsverfahren (PFV). Das Raumordnungsgesetz (ROG) verfolgt das Ziel, raumbedeutsame Planungen und Maßnahmen durch raumordnerische Abstimmung zu entwickeln, zu ordnen und zu sichern. Dabei sollen die unterschiedlichen Anforderungen an den Raum aufeinander abgestimmt und Konflikte auf den jeweiligen Planungsebenen gelöst werden. Leitbild ist eine nachhaltige Raumentwicklung, die soziale und wirtschaftliche Ansprüche ebenso wie ökologische Funktionen miteinander in Einklang bringt. Raumbedeutsame Vorhaben von überörtlicher Bedeutung unterliegen daher einem ROV. Ob diese Voraussetzungen vorliegen, hängt von der projektspezifischen Planung ab und ist im Einzelfall zu prüfen [19]. Nach Abschluss des ROV findet das PFV statt. Im Gegensatz zum

Raumordnungsverfahren erfordert das PFV eine detaillierte, technische Planung. Neben der konstruktiven Auslegung der Anlage umfasst dies beispielsweise hydrologische, geologische, hydrogeologische und seismische Untersuchungen des Projektgebiets. Auch akustische, oszillatorische und klimatische Belastungen für betroffene Anwohner werden ermittelt. Darüber hinaus wird die energiepolitische Bedeutsamkeit des Projekts, unter anderem hinsichtlich der Versorgungssicherheit, analysiert. Die Umweltauswirkungen sind der Hauptfokus des PFV, was eine gründliche Kartierung des Projektgebiets erfordert. Zum einen wird die vorhandene Flora und Fauna erfasst, zum anderen werden die Auswirkungen des Projekts auf diese beschrieben [65].

In das PFV ist die Bauleitplanung integriert, die sich an die raumwirksame Fachplanung anpasst [112, S. 140]. Gemäß § 1 Abs. 1 und 2 Baugesetzbuch ist die Aufgabe der Bauleitplanung, „die bauliche und sonstige Nutzung der Grundstücke in der Gemeinde" zu regeln [16]. Die Bauleitplanung ist dadurch gekennzeichnet, dass Planungsabsichten erörtert sowie Tatsachen und Interessen vollständig aufgeklärt und gegeneinander abgewogen werden. Am Ende dieses Prozesses steht – nach Abwägung der Planungsvarianten – die Entscheidung über Flächennutzungs- und Bebauungspläne durch die kommunale Vertretung [112, S. 142]. Während die Raumordnung durch räumliche und sachliche Überörtlichkeit gekennzeichnet ist, hat die Bauleitplanung die rechtliche Beziehung des Menschen zu Grund und Boden zum Gegenstand [121, S. 2783].

Die größte Herausforderung im Genehmigungsverfahren für Pumpspeicher besteht im Fehlen eines einheitlichen genehmigungsrechtlichen Tatbestands „Pumpspeicher". Dies bedingt die Konzentration zahlreicher fachrechtlicher Vorhabensbestandteile – wie Umweltrecht, Wasserhaushaltsgesetz, Landesbauordnung, Energiewirtschaftsgesetz und weitere – in einem PFV nach UVPG. Die Konzentration warf in vergangenen Projekten zahlreiche juristische Fragen auf und bot formale Angriffspunkte für Klagen gegen das Projekt [10].

6.3 Wasserstoffspeicher

Während das Verwaltungs- und Genehmigungsrecht für technische Anlagen etabliert ist und seit vielen Jahren angewandt wird, gibt es – wie auch bei Pumpspeichern – keinen eigenständigen genehmigungsrechtlichen Tatbestand „Wasserstoffspeicher". Ähnlich wie bei Pumpspeichern müssen die einzelnen Anlagenteile geplant und genehmigt werden. Das jeweils höherrangige Genehmigungsverfahren bestimmt das Verfahren für die Gesamtanlage. Vereinfachend ist davon auszugehen, dass die Anlage – sofern sie Wasserstoff in industriellem Umfang erzeugt – unter das immissionsschutzrechtliche Verfahren subsumiert werden kann. Entscheidend sind hierbei § 4 BImSchG i. V. m. Nr. 4.1.12 Anhang 1 der 4. BImSchV, welche für Anlagen zur Herstellung von Stoffen oder Stoffgruppen durch chemische, biochemische oder biologische Umwandlung in industriellem Umfang [...] zur Herstellung von Gasen wie [...] Wasserstoff [...] gelten [22].

Nicht geregelt ist die Wasserstofferzeugung durch Elektrolyse. Zwar kennt die BImSchV elektrolytische Verfahren, diese werden jedoch im Zusammenhang mit Anlagen zur Herstellung von Stahl, Eisen und sonstigen Metallen, einschließlich deren Verarbeitung, genannt. Elektrolyseure zur Wasserstofferzeugung sind in der Anlage der BImSchV nicht ausdrücklich geregelt. Die Genehmigungspflicht nach § 4 BImSchG entsteht daher nur, wenn in der Anlage drei oder mehr Tonnen Wasserstoff gelagert werden. Dies wird in der 4. BImSchV Anhang 1 Nr. 9.3 i. V. m.. Anhang 2 Nr. 17 festgelegt. Werden fünf Tonnen oder mehr Wasserstoff gelagert, gilt die Anlage gemäß 12. BImSchV als Störfallbetrieb und muss zusätzliche Vorkehrungen treffen sowie Meldepflichten nach der Störfallverordnung berücksichtigen.

Nur bei sehr großen Anlagen mit Anschluss an die Strom- oder Gasinfrastruktur kann gegebenenfalls ein Planfeststellungsverfahren erwogen werden. Der Antragsteller hat hierbei in der Regel eine Wahl. § 43 Abs. 2 Nr. 7 EnWG regelt, dass solche Energiekopplungsanlagen nach Planfeststellungsverfahren genehmigt werden können [22]. Im Falle eines Wasserstoffspeichers, wie er in dieser Arbeit untersucht wurde, besteht ein räumlicher und betriebstechnischer Zusammenhang zwischen dem Elektrolyseur und der Auskopplungseinheit bzw. dem Stromerzeuger. Je nach Anlagengröße ist zum Bau und Betrieb eines solchen Stromerzeugers neben einer Baugenehmigung auch eine Genehmigung nach BImSchG erforderlich. Ab einer bestimmten Anlagengröße sind die Stromerzeugungsanlagen UVP-pflichtige Vorhaben.

- Anlagen von 1 MW bis unter 50 MW müssen einer standortbezogenen Vorprüfung des Einzelfalls nach § 7 Abs. 2 i. V. m.. Anlage 1 Nr. 1.2.3 UVPG unterzogen werden. Die Prüfung erfolgt in zwei Stufen: Zunächst prüft die Behörde, ob besondere örtliche Gegebenheiten gemäß Anlage 3 Nr. 2.3 UVPG vorliegen (z. B.Natura 2000, Naturschutzgebiete, Nationalparke, Biosphärenreservate). Liegen solche Gegebenheiten vor, wird in der zweiten Stufe geprüft, ob das Vorhaben erhebliche nachteilige Umweltauswirkungen haben kann. In diesem Fall ist das Vorhaben UVP-pflichtig.
- Anlagen von 50 MW bis unter 100 MW müssen einer allgemeinen Vorprüfung des Einzelfalls nach § 7 Abs. 1 Satz 1 i. V. m.. Anlage 1 Nr. 1.1.2 UVPG unterzogen werden. Die Prüfung berücksichtigt die in Anlage 3 aufgeführten Kriterien; eine UVP-Pflicht besteht, sofern das Vorhaben erhebliche nachteilige Umweltauswirkungen haben kann.
- Anlagen ab 200 MW sind gemäß Anlage 1 Nr. 1.1.1 UVP-pflichtig.

§ 16 UVPG regelt den UVP-Bericht. Dieser muss Angaben zum Vorhaben enthalten, insbesondere zum Standort, zur Art, zum Umfang und zur Ausgestaltung, zur Größe und zu weiteren wesentlichen Merkmalen. Ebenfalls beschrieben werden müssen die Auswirkungen auf die Umwelt und ihre Bestandteile im Einwirkungsbereich, die erwartbaren Umweltauswirkungen sowie Maßnahmen zu deren Verminderung oder Ausgleich. Alternative Vorhaben sind ebenfalls darzustellen [87].

6.4 Batteriespeicher

Im Gegensatz zu Elektrolyseuren und der damit verbundenen Stromerzeugungseinheit benötigen Batteriespeicher keine immissionsschutzrechtliche Genehmigung nach § 4 Abs. 1 BImSchG, da sie keine genehmigungspflichtige Anlage im Sinne der 4. BImSchV darstellen. Dementsprechend ist auch kein Planfeststellungsverfahren notwendig, wie es für einen Pumpspeicher erforderlich wäre. Ein solches wäre nur in Ausnahmefällen erforderlich, wie beim in Abschn. 4.6 erwähnten Netzbooster, da diese „für den Betrieb von Energieleitungen notwendigen Anlagen" gemäß § 43 Satz 2 EnWG und § 18 Abs. 2 NABEG darstellen.

Da im Normalfall sowohl das Planfeststellungs- als auch das immissionsschutzrechtliche Genehmigungsverfahren ausscheiden, bleibt als behördliche Zulassung lediglich die Baugenehmigung. Diese unterliegt der Zuständigkeit des jeweiligen Bundeslandes und dessen Bauordnung. Die zuständigen Behörden prüfen dabei, ob die Anlage mit den Vorgaben des Bauplanungs- und Bauordnungsrechts konform ist [28].

In der Praxis werden Batteriespeicher bisher fast immer im Zusammenhang mit neuen Erzeugungsanlagen (insbesondere großen PV-Freiflächenanlagen und Windkraftanlagen bzw. -parks) oder an bestehenden (fossilen) Kraftwerksstandorten errichtet. Dies bietet Vorteile hinsichtlich Netzdienlichkeit, Anbindung und Flächenverfügbarkeit, führt aber dazu, dass es bislang kaum „stand-alone" Genehmigungsverfahren für Batteriespeicher gab. Sie wurden fast immer als Bestandteil einer übergeordneten Energieinfrastruktur mitgenehmigt. Es bleibt abzuwarten, wie sich dies angesichts eines Trends zu größeren Batteriespeichern entwickeln wird.

6.5 Fazit

Am Anfang dieses Kapitels wurde das sich wandelnde Stromsystem dargestellt. Die zuvor durch zentrale thermische Großkraftwerke bereitgestellte Stromerzeugung wurde durch Pumpspeicher ergänzt, die primär zur Portfoliooptimierung der Energieversorgungsunternehmen, zur Arbitrage und zur Bereitstellung von Regelenergie genutzt wurden. Die Energiewende führte und führt zu einem massiven Ausbau dezentraler, volatiler erneuerbarer Energieanlagen. Diese bewirken eine räumliche und zeitliche Entkopplung von Erzeugung und Verbrauch, die bisher von den bestehenden Speichern und Kraftwerken abgedeckt werden konnte.

Mit dem Ausstieg aus der Kernenergie und dem avisierten Ausstieg aus der Kohleverstromung wird dem Stromsystem künftig ein Großteil der Grundlastkraftwerke und damit der gesicherten Leistung fehlen. Das Stromsystem wird volatiler, und der Bedarf an räumlicher sowie zeitlicher Entkopplung von Stromerzeugung und -verbrauch wird signifikant steigen. Es ist fraglich, ob die bisherige Funktionsweise des Strom- und Regelenergiemarktes für das zukünftige Energiesystem noch geeignet ist. Auf europäischer Ebene begannen Anfang 2023 noch nicht abgeschlossene Diskussionen zu diesem Thema.

Die Flexibilität des Energiesystems kann durch verschiedene Technologien sichergestellt werden, wobei Energiespeicher die geeignetste Lösung darstellen. Deren Bedeutung wurde zunächst auf europäischer Ebene und schließlich auch auf Bundesebene mit der Definition von Energiespeichern als eigenständiges Element in der Energiegesetzgebung verankert. Gleichwohl besteht die prinzipielle Belastung mit Letztverbraucherabgaben und Netzentgelten weiterhin fort. Damit Energiespeicher gebaut werden und ihr volles Potenzial ausgeschöpft werden kann, bedarf es eines regulatorischen Umbruchs, der Anreize für den Bau und Betrieb von Energiespeichern schafft. Darüber hinaus bedarf es eines spezifischen genehmigungsrechtlichen Rahmens für Energiespeicher. Einen solchen gibt es bisher weder für Pump-, Wasserstoff- noch Batteriespeicher. Die Planungs- und Genehmigungsverfahren sind höchst unterschiedlich komplex: maximal aufwendig beim Neubau eines Pumpspeichers, verhältnismäßig einfach beim Batteriespeicher. Das Planungs- und Genehmigungsrecht sollte Anreize setzen, die jeweils sinnvollste Lösung für die gegebene Herausforderung zu wählen.

Die aktuellen regulatorischen Rahmenbedingungen begünstigen Batteriespeicher, da diese am einfachsten zu genehmigen sind. Theoretisch wäre es daher einfacher, eine gegebene Speicherleistung bzw. -kapazität als Batteriespeicher auszuführen, ungeachtet weiterer Randbedingungen wie des in Kap. 4 dargestellten ökologischen Fußabdrucks einer Technologie. Dieser sollte ebenfalls in den neu zu gestaltenden regulatorischen Rahmen einfließen, da andernfalls die Umweltauswirkungen einer Speichertechnologie externalisiert bleiben. Das für einen Pumpspeicher notwendige, sehr aufwendige und langwierige Planfeststellungsverfahren macht einen Neubau äußerst unattraktiv, während für einen Wasserstoffspeicher die regulatorischen Rahmenbedingungen aus bestehenden Planungs- und Genehmigungsverfahren technischer bzw. chemischer Anlagen zusammengestellt werden müssen. Möglicherweise könnte der Wasserstoffspeicher so dimensioniert werden, dass das Planungs- und Genehmigungsverfahren – ohne Rücksicht auf technische Randbedingungen – möglichst einfach wird. Da die Anlage ab einer Größe von 200 MW UVP-pflichtig wird, ist davon auszugehen, dass bei der Planung die Vereinfachung des Genehmigungsverfahrens über der Anlagengröße Priorität erhalten wird. Eine Genehmigungspflicht nach BImSchV entsteht, wenn die Anlage drei Tonnen oder mehr Wasserstoff vor Ort lagert. Übersteigt die Speicherkapazität fünf Tonnen, gilt die Anlage zudem als Störfallbetrieb und muss zusätzliche Auflagen erfüllen. Drei bis fünf Tonnen Wasserstoff entsprechen dabei etwa 100 bis 165 MWh, was angesichts der in Deutschland voraussichtlich benötigten Speicherkapazität sehr gering ist. Damit wird theoretisch ein Anreiz gesetzt, die Anlagengröße unter 100 MW zu halten, sodass höchstens eine allgemeine Vorprüfung der UVP-Pflicht erforderlich ist und diese vermieden werden kann. Auch die vor Ort gelagerte Speicherkapazität wird dann möglichst gering gehalten, um einen Störfallbetrieb oder eine Genehmigungspflicht nach BImSchV zu vermeiden.

7 Soziologische Aspekte der Energiespeicherung

Die Gesellschaft hat die Energiepolitik beeinflusst, wie in Kap. 2 beschrieben wurde. Der Kohlesektor war in Deutschland von der Nachkriegszeit bis zur Jahrtausendwende ein bedeutender Faktor der Politik, um sich die Wählergunst zu sichern. Ein weiteres Beispiel ist der „Ausstieg aus dem Ausstieg des Ausstiegs“ in der Kernenergie. Die Reaktorkatastrophe von Fukushima im Jahr 2011 entzog der Kernenergienutzung in Deutschland den gesellschaftlichen Rückhalt, sodass der Ausstieg endgültig beschlossen wurde – obwohl im europäischen Umland nach wie vor Kernenergie genutzt wird, um nationale Energiesysteme zu dekarbonisieren, und obwohl selbst Japan, das Land der Reaktorkatastrophe, die Kernenergienutzung wieder aufgenommen hat.

Dies liegt daran, dass die Energiepolitik ihrerseits die Gesellschaft beeinflusst hat. Ein prägendes Beispiel – insbesondere im Kontext der deutschen Kernenergiedebatte – ist die Gründung der Partei Bündnis 90/Die Grünen. Diese ging aus den Protesten gegen geplante Kernkraftwerke in Wyhl (Baden-Württemberg), Brokdorf (Schleswig-Holstein) und einer geplanten Wiederaufbereitungsanlage in Wackersdorf (Bayern) hervor.

Der Umbruch im Energiesystem – weg von zentralen, fossil- bzw. nuklear-thermischen Großkraftwerken hin zu überwiegend dezentralen, volatilen erneuerbaren Energien – hat die Zahl der Anlagen deutlich erhöht und ihre Sichtbarkeit im Landschaftsbild vergrößert. Auch die notwendige Infrastruktur, wie etwa Übertragungsnetze, ist näher an die Bürger herangerückt. Dadurch befürwortet die Gesellschaft zwar grundsätzlich den Ausbau erneuerbarer Energien [5, S. 57 f.], lehnt ihn jedoch häufig in unmittelbarer Nähe zum eigenen Lebensumfeld ab.

Neben Energiepolitik, Technik, Umweltauswirkungen sowie marktlichen Rahmenbedingungen sind auch soziologische Aspekte entscheidend für das Gelingen des notwendigen Umbruchs. In diesem Kapitel werden diese Aspekte aufgeführt und diskutiert.

O. Akpinar, *Stromspeicher*, https://doi.org/10.1007/978-3-658-51235-4_7

7.1 Soziotechnik Energiewende, Akzeptanz und Populismus

Die Soziologie ist eine empirische Sozialwissenschaft. Der Begriff ist ein Kunstwort, gebildet aus dem lateinischen *socius* (Gefährte, Mitmensch) und dem griechischen *logos* (Wort, Lehre, Wissenschaft). Nach einem Ansatz wird Soziologie wie folgt definiert: „Sie untersucht die Strukturen des sozialen Handelns und die Formen der Vergemeinschaftung und Vergesellschaftung unter Berücksichtigung der jeweils vorherrschenden Normen und Werte. Sie analysiert die sozialen Prozesse und Institutionen, die die Integration der Gesellschaft bewirken." [109, S. 19]

Eine weitere Definition gemäß Weyer [135] lautet: „Soziologie ist die Wissenschaft, die das Handeln sozialer Akteure erklärt und beschreibt, wie aus den Wechselwirkungen der Handlungen soziale Strukturen entstehen." Weyer konstatiert, dass Technik immer auch ein soziales Projekt ist, dessen konkrete Gestaltung von historischen und gesellschaftlichen Einflüssen abhängt.

Gesellschaftstechnik Energiewende und politische Wissenschaftsanleitung

Im Jahr 2019 erschien der Artikel „Eine soziologische Systemanalyse und sozioökonomisches Review der Soziotechnik Energiewende" von Pfenning [102]. Darin konstatiert der Autor, dass die Energiewende ein politisch geprägter Begriff für den Status der erneuerbaren Energien als Gesellschaftstechnik sei. Der Begriff „Energiewende" beschreibt den überparteilichen Beschluss des Deutschen Bundestages vom 30. Juni 2011 zum endgültigen Ausstieg aus der Kernenergie hin zu einer umfassenden Nutzung erneuerbarer Energien als Hauptenergiequelle für Deutschland.

Eine Gesellschaftstechnik ist laut Pfenning „eine Technik samt assoziierter spezifischer Technologien, die aufgrund eines akteursübergreifenden Konsenses einer essentiellen, gemeinschaftlichen Daseinsvorsorge dient" und wird „getragen von einer breiten Zustimmung in der Bevölkerung, überparteilicher politischer Legitimation, wirtschaftlichem Konsens und wissenschaftlicher Verfügbarkeit aller Systemkomponenten."

Pfenning unterscheidet – bezogen auf das Energiesystem – zwischen den primären Systemtechnologien zur Erzeugung, Verteilung und Speicherung von Elektrizität, Wärme und Kraftstoffen sowie den sekundären Systemtechnologien zur Steuerung, Kopplung und effizienten Nutzung der primären Systemtechnologien. Insbesondere die Speicherung von Elektrizität ist ein Aspekt, der von der Regulatorik bislang nur unzureichend adressiert wird.

Während historisch vor allem Energieträger ausgetauscht wurden, erfordert die Energiewende – die bislang vorwiegend eine Stromwende war und die Sektoren Wärme und Verkehr weitgehend ausklammerte – eine grundlegende Veränderung der gesamten Systemarchitektur. Dies stellt sowohl einen technischen als auch einen gesellschaftlichen Lernprozess dar. Darüber hinaus stellt sich die Frage, ob der Ausbaupfad nach quantitativen Kriterien (jede Erneuerbare-Energien-Anlage zählt) oder nach qualitativen Kriterien (möglichst bedarfsnah und sparsam) gestaltet wird. Der quantitative Ausbaupfad bedingt hohe Speicherkapazitäten sowie zahlreiche und leistungsfähige Sektorkopplungstechnologien. Der qualitative Ausbaupfad orientiert sich hingegen am politischen Ideal der Nachhaltigkeit und am Ziel, die Energieversorgung möglichst dezentral, lokal, bedarfsnah und autark zu gestalten.

Der Autor weist zutreffend darauf hin, dass sich die Energiewende weniger aus ihren technischen, wirtschaftlichen oder sozialen Fortschritten heraus, sondern vielmehr aus externen Kontexten – dem Kernenergieausstieg und dem Klimaschutz – begründet. Der Nimbus, die Energiewende sei per se ökologisch, relativiert sich durch ihren Status als Gesellschaftstechnik und die damit verbundenen Zielkonflikte zwischen Natur- und Landschaftsschutz beim massiven Ausbau erneuerbarer Energien.

Darüber hinaus kritisiert Pfenning die Umsetzung der Energiewende, da diese primär als technische Aufgabe zur Sicherstellung der Energieversorgung durch erneuerbare Energien verstanden und von der Politik weitgehend an die Technikwissenschaften und deren Forschungsinstitute delegiert wurde. In diesen sind überwiegend Ingenieure tätig. Für die politische Rahmensetzung zur Marktintegration zeichnet sich das BMWi verantwortlich, das BMBF für die Forschung über die benötigten Systemtechnologien, das BMU für den Beitrag der Energiewende zu Klimaschutz und Nachhaltigkeit sowie die Bundesnetzagentur für die Netzplanung.

Der Aufgabenteilung inhärent sind Zielkonflikte, die Fragen nach Abstimmung und Kooperation zwischen Ministerien, Instituten und Agenturen aufwerfen. Studien zur Innenansicht der Energiewende aus Perspektive der institutionellen Akteure fehlen bislang. Als Folge konstatiert der Autor eine „politische Wissenschaftsanleitung“ statt wissenschaftlicher Politikberatung: Anstatt – soziologisch betrachtet – Anreize für eine politisch unabhängige und einheitliche Politikberatung zu schaffen, bestimmt die Politik, worüber und von welchen Instituten sie beraten werden möchte. Dadurch gewinnen politiknahe Institute gegenüber fachlich-technikwissenschaftlichen Einrichtungen an Einfluss [102].

Akzeptanz und politische Partizipation

Hildebrand und Renn definieren in ihrem Artikel „Akzeptanz und Energiewende“ [105, S. 261–282] den Begriff der Akzeptanz und stellen ihn in den Kontext der Energiewende. Demnach kann Akzeptanz verstanden werden als „das positive, zeitlich relativ konstante Ergebnis eines an bestimmte Rahmenbedingungen (Akzeptanzkontext) geknüpften Bewertungsprozesses gegenüber einem Akzeptanzobjekt (z. B. EE-Anlage) durch ein Akzeptanzsubjekt (z. B. Person, Organisation) (= Bewertungsebene)“ [105, S. 262].

Die Autoren definieren vier Bedingungen, an die Akzeptanz geknüpft ist:

- *Orientierung und Einsicht:* Akzeptanz ist wahrscheinlicher, wenn die Notwendigkeit politischer Entscheidungen verstanden und akzeptiert wird und man die angestrebten Ziele sowie die gewählten Mittel befürwortet.
- *Selbstwirksamkeit:* Entsteht der Eindruck, dass politische Entscheidungen den eigenen Handlungsspielraum einschränken, reagieren Bürgerinnen und Bürger mit Skepsis oder Ablehnung.

- *Positive Nutzen-Risiko-Bilanz:* Akzeptanz ist umso eher zu erwarten, je mehr die positiven Konsequenzen einer Entscheidung einem selbst oder den geschätzten Gruppen zugutekommen.
- *Identität:* Je stärker die emotionale Identifikation mit einer Maßnahme ist, desto größer ist die Bereitschaft zur Akzeptanz.

Die Autoren stellen fest, dass – legt man diese vier Bedingungen als Maßstab zugrunde – in Deutschland erhebliche Defizite bei der Umsetzung der Energiewende bestehen. Für eine erfolgreiche Kommunikation gilt es, die Strategien den Ebenen der Governance entsprechend – also europäisch, national, regional und kommunal – zu differenzieren: Auf europäischer und nationaler Ebene steht im Vordergrund, die Gesamtstrategie der Energiewende sowie deren Implikationen für die verschiedenen Handlungsebenen zu verdeutlichen. Auf regionaler Ebene geht es primär darum, den Nutzen für die Region sowie die Verteilung von Belastungen und Risiken herauszustellen und die Akzeptabilität der damit verbundenen Nebenwirkungen zu erläutern. Auf lokaler Ebene sind insbesondere Aspekte der Selbstwirksamkeit und der emotionalen Identifikation hervorzuheben.

Darüber hinaus sind die drei Dimensionen der Akzeptanz zu berücksichtigen, die in Abb. 7.2 dargestellt sind:

- die **Akzeptanz vor Ort,** bezogen auf die Auswirkungen und das Vertrauen der Anwohnerinnen und Anwohner,
- die **sozio-politische Akzeptanz,** die sich auf die breite Öffentlichkeit richtet, und
- die **Marktakzeptanz,** also die Akzeptanz durch Unternehmen und Investoren.

Nach Hildebrand und Renn zeigen die bisherigen Erfahrungen, dass einseitig technische oder rechtliche Betrachtungen nicht ausreichen. Vielmehr muss die sozio-technische Dimension zwingend einbezogen werden [105, S. 261–282].

Einen Ansatz zur Stärkung der Akzeptanz liefert Agora Energiewende (siehe Abb. 7.1). Demnach bestimmen vier zentrale Faktoren die gesellschaftliche Akzeptanz: die Einstellung zur Energiewende, die wirtschaftlichen Auswirkungen, das Vertrauen in die Akteure sowie der Schutz von Natur und Mensch. Alle Faktoren sind gleichwertig und müssen im Zusammenhang betrachtet werden (Abb. 7.2).

Partizipation und bürgerschaftliches Engagement in der Energiewende

In ihrem Artikel „Partizipation und bürgerschaftliches Engagement in der Energiewende" [105, S. 283–316] untersuchen Radtke und Renn die Beteiligungsformen von Einzelpersonen, Institutionen und anderen Akteuren an Strategien, Planungsverfahren, konkreten Umsetzungsmaßnahmen sowie an Energieanlagen selbst. Sie unterscheiden dabei zwischen politischer, sozialer, materiell-finanzieller Partizipation, direktdemokratischen Elementen und bürgerschaftlichem Engagement.

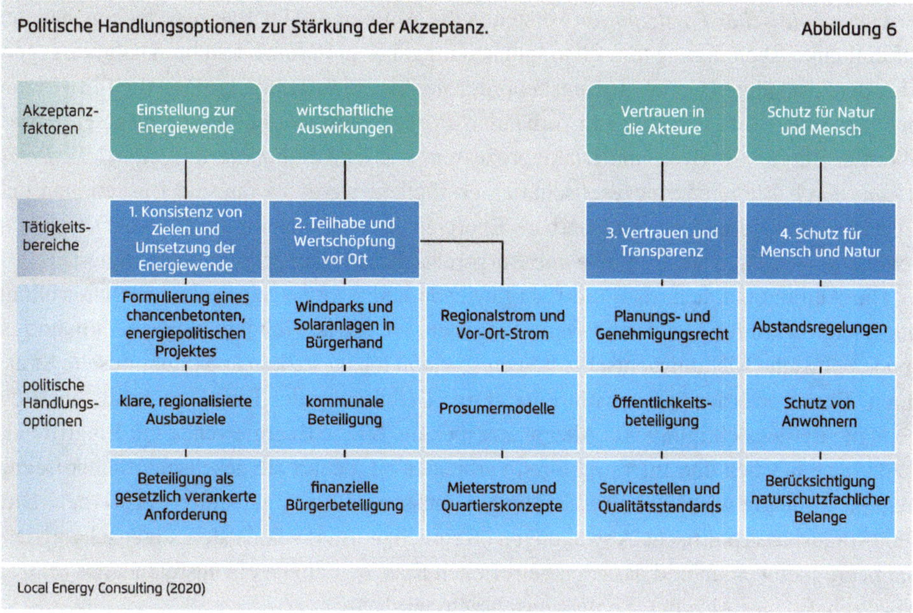

Abb. 7.1 Politische Handlungsoptionen zur Stärkung der Akzeptanz. (Eigene Darstellung nach [90, S. 15])

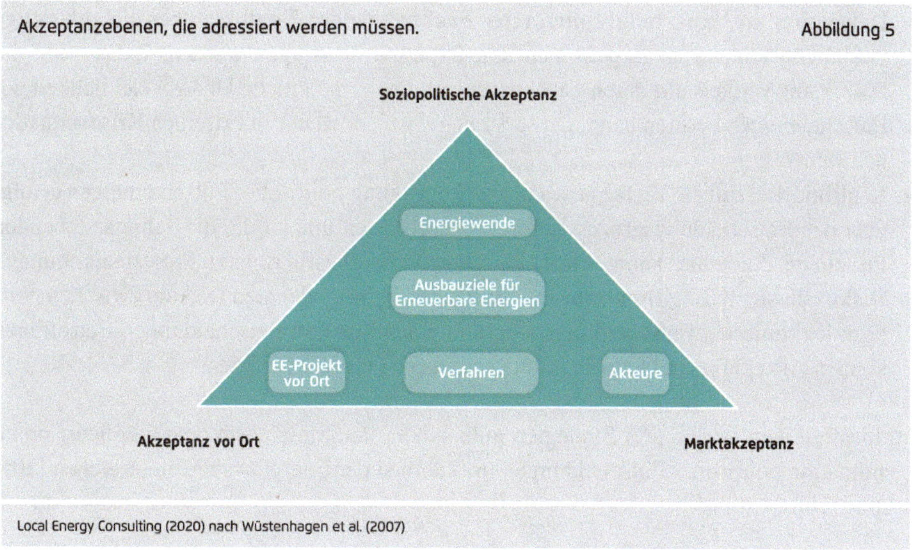

Abb. 7.2 Dimensionen der Akzeptanz. (Eigene Darstellung nach [90, S. 13])

Unter *politischer Partizipation* verstehen die Autoren die im Rahmen der sogenannten Öffentlichkeitsbeteiligung formell möglichen Eingaben in Form von Stellungnahmen gegenüber der zuständigen Genehmigungsbehörde. *Soziale Partizipation* umfasst die Mitwirkung in Foren, Initiativen, Vereinen und Verbänden. *Bürgerschaftliches Engagement* zeigt sich vor allem in Bürgerinitiativen und Dialogprozessen, während eine *materiell-finanzielle Beteiligung* durch Bürgerenergiegesellschaften ermöglicht werden kann, die Bürgerinnen und Bürger an den Erlösen von Erneuerbare-Energien-Anlagen beteiligen. *Direkte Demokratie* schließlich wird über Instrumente wie Bürgerentscheide oder Petitionen praktiziert.

Die Autoren betonen, dass die Energiewende längst keine rein technische Umstellung der Energieerzeugung [sic!] und -verteilung mehr ist. Sie ist vielmehr eingebettet in umfassende politische Richtungsentscheidungen sowie in lokale soziale und ökonomische Strukturen. Damit erfordert sie sowohl eine aktive Beteiligung der Bevölkerung als auch die explizite Berücksichtigung von Akzeptanzaspekten. Da die Energiewende mit Eingriffen in öffentliche Flächen und Infrastrukturen verbunden ist, bedarf sie gesellschaftlicher Legitimation. Kollektiv wirksame Entscheidungen müssen politisch gerechtfertigt werden. Dies setzt voraus, dass politische Abwägungen öffentlich, normativ konsistent und nachvollziehbar begründet werden und dass den getroffenen Entscheidungen ein ausreichendes Maß an gesellschaftlicher Akzeptanz entgegengebracht wird.

Um dem daraus resultierenden *Legitimationsproblem der Energiewende* zu begegnen, schlagen Radtke und Renn drei Strategien vor:

- **Delegation an Expertengremien oder Fachbehörden:** Konflikte über die zukünftige Gestaltung können an Expertinnen und Experten übertragen werden, sodass sich die Politik mit Verweis auf deren Fachwissen auf die vermeintliche Unausweichlichkeit der Entscheidungen berufen kann. Diese Strategie ist jedoch nur in extremen Krisensituationen sinnvoll.
- **Legitimation durch Verfahren:** Die Rechtfertigung politischer Entscheidungen erfolgt über den Entscheidungsprozess selbst, nicht über den Inhalt oder die dahinterstehenden Prinzipien. Auch hier kann es trotz korrekter Verfahrensführung zu Protesten kommen.
- **Diskursbasierte Legitimation:** In einem offenen, ausgedehnten Diskurs zwischen politisch legitimierten Entscheidungsträgern und den von den Entscheidungen Betroffenen können Akzeptanz und Legitimation gemeinsam erarbeitet werden.

Im Idealfall werden alle drei Strategien miteinander kombiniert, um eine möglichst breite Legitimation politischer Entscheidungen im Rahmen der Energiewende zu erreichen [105, S. 283–316].

Die Energiewende als soziotechnische Transformation

Dewald et al. beschäftigen sich im Artikel „Die Energiewende als soziotechnische Transformation" [105, S. 319–352] mit der Frage, mit welchen unterschiedlichen Wissenstypen die komplexen Transformationsdynamiken der Energiesysteme beschrieben werden können. Sie stellen fest, dass das strukturelle Merkmal des Energiesystems im Jahr 2017 darin besteht, dass ein neues, dezentrales Energiesystem im Aufbau begriffen ist, während wesentliche Merkmale des alten, zentralen Systems fortbestehen. Es sei daher zielführender, die Energiewende als langfristigen Transformationsprozess einer Infrastruktur zu beschreiben. Kennzeichnend für diese Transformation ist, dass zentrale Bestandteile und deren Zusammenwirken neu organisiert werden müssen. Die Autoren unterscheiden dabei folgende Formen des Wandels:

- **Technischer Wandel:** Bestehende zentrale Formen der Stromerzeugung (fossilthermische Kraftwerke) werden mittel- bis langfristig durch neue, dezentrale Erzeugungstechnologien (Windkraft und Photovoltaik) ersetzt. In einer Übergangsphase überlagern sich beide Systeme, während neue Netz- und Speichertechnologien entwickelt und integriert werden müssen.
- **Regulatorischer Wandel:** Institutionen und gesetzliche Rahmenbedingungen müssen an die neuen Anforderungen angepasst und fortlaufend überprüft werden.
- **Ökonomischer Wandel:** Preisbildende Mechanismen verlieren aufgrund veränderter Erzeugungsprofile ihre Gültigkeit und erfordern neue Marktdesigns.
- **Sozialer Wandel:** Über Jahrzehnte eingeübte Verhaltensmuster auf der Verbraucherseite müssen ebenfalls verändert werden.

Aufgrund der Komplexität der Energiewende handelt es sich nicht um eine rein technische Angelegenheit von Ingenieurinnen und Ingenieuren. Auch die Rolle der Nutzerinnen und Nutzer, der Zivilgesellschaft sowie der politischen Akteure muss berücksichtigt werden. Das Spektrum der beteiligten Akteure ist daher schwierig abzugrenzen. Eine Übersicht der Akteure, die im Energiesystem eine Rolle spielen, ist in Abb. 7.3 dargestellt. Nach [68, S. 218 ff.] bilden Forschung und Bildung sowie das Angebots- und Nachfragesystem die Hauptachsen, während Vermittler (z. B. Institute der angewandten Forschung) eine Verbindung zwischen Forschung, Bildung und Markt herstellen. Auf der Angebotsseite wird zwischen Entwicklungs- und Betriebsphase unterschieden, im Nachfragesystem zwischen Nachfrage und Verbrauchssektor. Darüber hinaus sind unterstützende Organisationen wie Kapitalgeber ebenfalls wichtige Akteure im Energiesystem. Diese Herausforderungen verorten die Autoren im Kontext zahlreicher Energieszenarien zur Energiewende, deren Modelle in der Regel implizite Annahmen zu Verhaltensmustern, Einstellungen gegenüber technischen Veränderungen oder zur öffentlichen Akzeptanz enthalten. Dabei wird oft eine gewisse Konstanz in der gesellschaftlichen und politischen Wahrnehmung von Energiewendetechnologien unterstellt. Infrastrukturentscheidungen legen die zukünftige Entwicklung über einen langen Zeitraum hinweg fest und schaffen somit Rahmenbedingungen für nachfolgende Entwicklungen. Diese Pfadabhängigkeit führt einerseits zu verlässlichen Systemen und bietet Planungssicherheit für alle Akteure, schränkt andererseits jedoch die Flexibilität von Wirtschaft, Politik und Konsumenten in Transformationsprozessen über Jahrzehnte hinweg teilweise ein. Idealerweise sollten mögliche Pfadabhängigkeiten frühzeitig erkannt

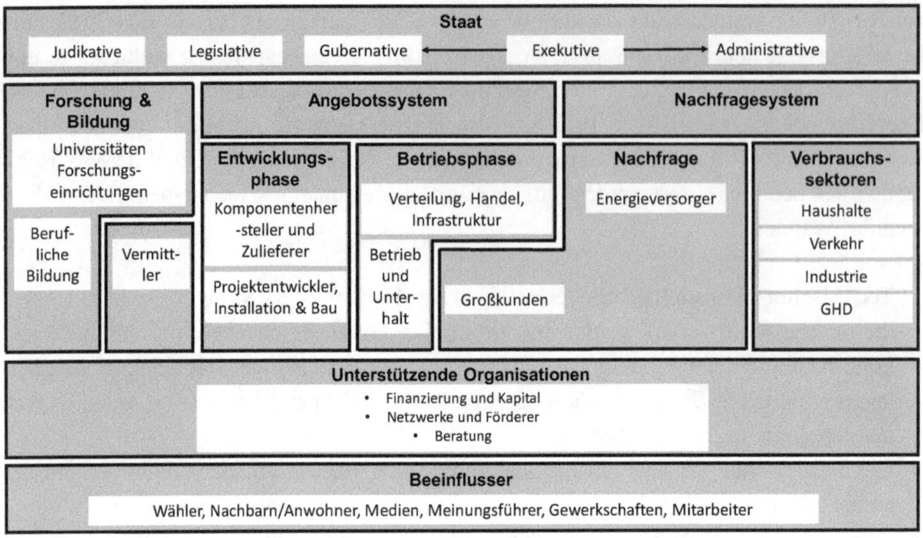

Abb. 7.3 Akteure im Energiesystem. (Eigene Darstellung nach [68, S. 219])

und reflektiert werden, damit Politik, Wirtschaft und Gesellschaft rechtzeitig mit deren Konsequenzen konfrontiert werden. Aufgrund der komplexen und hochdynamischen soziotechnischen Wechselwirkungen entstehen im Zuge der Energiewende besondere Unsicherheiten und Herausforderungen [105, S. 319–352].

Energiewende in Zeiten des Populismus

In ihrem Artikel „Energiewende in Zeiten populistischer Bewegungen“ [104, S. 3–29] gehen Radtke et al. auf die Gefahren des Populismus für die Energiewende ein. Populismus wird dabei verstanden als „eine spezifische Form des Auftretens polarisierender, d. h. zuspitzender Kräfte und Positionen, welche auf allen gesellschaftlichen wie politischen Ebenen (von der Nachbarschaft bis in das Europäische Parlament), in allen sozial organisierten Formen (von der Bürgerinitiative bis zur politischen Partei) und in allen sozialkommunikativen Formaten (von der Blockade bis zum Runden Tisch) identifiziert werden können“ [104, VI].

Für die populistische Bewegung stellt die Energiewende ein kulturelles Elitenprojekt dar, das abzulehnen ist. Die Autoren diagnostizieren folgende Phänomene:

1. ein zunehmender Einfluss und eine verstärkte Professionalisierung populistischer Akteure,
2. eine Veränderung des politischen Diskurses durch populistische Einflüsse, wodurch etablierte Muster und Systeme der Verhandlungsdemokratie destabilisiert werden können,
3. einen wachsenden Vertrauensverlust gegenüber Entscheidungen öffentlicher Organe der repräsentativen Demokratie, der delegitimierend wirken kann,

4. sowie das fortbestehende Nichterreichen der Klimaschutzziele, was die Sinnhaftigkeit der Energiewende infrage stellt.

Diese Ausgangslage macht die Energiewende zu einem politischen Thema, das ideale Ansatzpunkte für die Kritik populistischer Bewegungen bietet. Die Autoren führen dies auf die Umstände zurück, die zur Verkündung der Energiewende führten: Als Reaktion auf die Reaktorkatastrophe von Fukushima (Japan) wurde die Energiewende ohne Einbezug der Bevölkerung oder anderer gesellschaftlicher Gruppen beschlossen [104, S. 3–18].

Dem Ausstieg aus der Kernenergie ging der Wiedereinstieg nach einem bereits zuvor beschlossenen Ausstieg voraus, was in der Bevölkerung zu Verwirrung führte und Zweifel an der Energiepolitik der Bundesregierung hervorrief. Diese Zweifel wurden zusätzlich dadurch verstärkt, dass insbesondere das deutsche Nachbarland Frankreich weiterhin ausdrücklich auf Kernenergie setzt, da diese treibhausgasfrei Strom erzeugt. Im Ergebnis wurde das Risiko des Weiterbetriebs deutscher Kernkraftwerke als nicht vertretbar begründet, während gleichzeitig die inhärenten Gefahren durch Kernkraftwerke an der deutsch-französischen und deutsch-belgischen Grenze fortbestanden. Auch das Festhalten Japans selbst an der Technologie hat in der Bevölkerung Unverständnis ausgelöst und der populistischen Bewegung weiteren Zulauf verschafft.

Die Autoren merken an, dass die Energiewende vor allem von Teilen des politischen „linken Flügels“ getragen wird und für diese ein identitätsstiftendes, vereinigendes Element darstellt, das gegenüber dem opponierenden nationalkonservativen Lager polarisierend wirkt. Darüber hinaus werden die Auswirkungen der Energiewende insbesondere in sozial- und strukturschwachen Regionen ländlicher und marginalisierter Räume von der Bevölkerung überwiegend „ertragen“.

Die oftmals nicht kohärente Energiepolitik lässt Zweifel hinsichtlich der Effektivität des Klimaschutzes sowie der Revision eines vermeintlich intakten Energiesystems aufkommen und verschafft der populistischen Bewegung weiteren Zulauf. Historisch betrachtet hat es stets tiefgreifende Transformationsprozesse gegeben, die in Landschaften, Lebens- und Arbeitsweisen eingriffen und Ängste, Misstrauen sowie Widerstand hervorriefen.

Im Gegensatz zu den stark autokratisch und hierarchisch geprägten Gesellschafts- und Staatsformen des 19. und 20. Jahrhunderts steht heute die Demokratie selbst auf dem Prüfstand: Der Bevölkerung werden Transformationsprozesse zugemutet, die sie mehrheitlich zu tragen hat. Gleichzeitig ist das demokratische Versprechen einzulösen, den Willen des Volkes adäquat zu repräsentieren. Im Fall des Energiesystems wurden großtechnische Strukturen errichtet, die umfangreicher Planungskapazitäten, direkter staatlicher Intervention und strenger Regulierung in Form garantierter Gebietsmonopole bedurften. Die zentrale, fossile Energiewelt, die lange Zeit protegiert wurde (vgl. Kap. 2), hat zu einer starken Pfadabhängigkeit geführt, die innovationshemmend wirkt. Die Transformation hin zu einem volatilen, auf erneuerbaren Energien basierenden und dezentralen Energiesystem wird vielfach als Bedrohung der Versorgungssicherheit wahrgenommen. Längst ist offensichtlich, dass das fossil-zentrale und das erneuerbar-dezentrale Energiesystem in vielerlei Hinsicht inkompatibel sind und Politik wie Gesellschaft vor erhebliche Herausforderungen stellen [104, S. 3–18].

Radtke et al. fordern daher die Internalisierung der Kosten für klimaschädliche Emissionen – ein Thema, dem sich auch Feess und Seeliger in ihrem Werk „Umweltökonomie und Umweltpolitik“ ausführlich widmen. Sie definieren externe Effekte als „im Kern Situationen, in denen bestimmte Folgen individueller Handlungen nicht bei den Handelnden selbst, sondern (auch) bei anderen anfallen und daher beim Entscheidungsprozess nicht (hinreichend) berücksichtigt werden“ [60, S. 2].

8 Zusammenfassung und Fazit

Zusammenfassung
Um die Herausforderungen des Energiesystems der Gegenwart und Zukunft zu verstehen, lohnt ein Blick in die Vergangenheit. Ausgehend von der Entdeckung des elektrodynamischen Prinzips durch Werner von Siemens entwickelte sich ein eigener Industriezweig: die Elektrizitätswirtschaft. Als treibende Kraft der zweiten industriellen Revolution gewann elektrische Energie rasch an gesellschaftlicher Bedeutung und rückte zunehmend in den politischen Fokus. Innerhalb der zunächst weitgehend unregulierten Reichs- und späteren Monopolgrenzen entstanden voneinander getrennte Teilsysteme, bis mit dem Energiewirtschaftsgesetz von 1935 ein staatlicher Ordnungsrahmen geschaffen und die Energiewirtschaft reguliert wurde.

Seither haben sich die energiepolitischen Rand- und Rahmenbedingungen mehrfach verändert – stets beeinflusst durch den jeweiligen politischen Zeitgeist. Einzelne Bereiche der Energiewirtschaft wurden über Jahre hinweg gefördert oder neu aufgebaut (z. B. die heimische Kohleförderung, der Einstieg in die Kernenergie sowie Windkraft und Photovoltaik). Mit der deutschen Wiedervereinigung und der Strommarktliberalisierung um die Jahrtausendwende musste das Energiesystem nicht nur innerhalb staatlicher Grenzen zusammengeführt, sondern auch stärker europäisch integriert werden. Eine weitere Zäsur stellte das erste Erneuerbare-Energien-Gesetz dar: Es leitete den Übergang von einer zentralen, thermisch-fossil dominierten Kraftwerksstruktur hin zu einem dezentralen, von volatilen erneuerbaren Energien geprägten System ein.

Der Ausstieg aus der Verstromung von Kohle und Kernenergie hat diese Pfadabhängigkeit hin zu volatilen erneuerbaren Erzeugungsanlagen zusätzlich verstärkt und eine räumliche wie zeitliche Entkopplung von Stromerzeugung und -verbrauch notwendig gemacht.

O. Akpinar, *Stromspeicher*, https://doi.org/10.1007/978-3-658-51235-4_8

Das bevorzugte Mittel zur Erreichung der Treibhausgasneutralität ist der Ausbau erneuerbarer Energien wie Windkraft und Photovoltaik. Aufgrund ihres volatilen Charakters entstanden früh Diskussionen über die Notwendigkeit einer zeitlichen Entkopplung von Stromerzeugung und -verbrauch. Seitdem ist eine Vielzahl von Studien zum Energiespeicherbedarf erschienen, deren Rand- und Rahmenbedingungen sich im Verlauf von zwei Jahrzehnten teils deutlich verändert haben. Das Ausmaß des erforderlichen Speicherausbaus hängt von zahlreichen Faktoren ab, etwa vom angenommenen Strombedarf in Deutschland oder davon, ob eine europäische „Kupferplatte" unterstellt oder ausschließlich das nationale Energiesystem betrachtet wird.

Grundsätzlich existiert eine Vielzahl von Energiespeichertechnologien; für die Integration volatiler erneuerbarer Energien eignen sich insbesondere Pumpspeicher, Batteriespeicher und Wasserstoffspeicher.

Zur Lenkung finanzieller Investitionen in Technologien zur Erreichung der Treibhausgasneutralität hat die EU-Kommission die Taxonomie-Verordnung eingeführt. Diese regelt, unter welchen Voraussetzungen eine Investition als taxonomiekonform gilt, also den Zielen des europäischen „Green Deal" zuträglich ist. Während Batteriespeicher und Elektrolyseure bislang ohne spezifische Auflagen eingeordnet werden, müssen Pumpspeicher nachweisen, dass ihre Treibhausgasemissionen über den gesamten Lebenszyklus unterhalb definierter Schwellenwerte liegen. Das hierfür zentrale und zugleich objektivste Instrument ist die Lebenszyklusanalyse. Um Energiespeichertechnologien miteinander vergleichen zu können, ist eine Normierung der Rand- und Rahmenbedingungen sowie eine zielgerichtete Wahl der funktionellen Einheit erforderlich. Von besonderer Bedeutung ist dabei die Betrachtung der Bauphase, da während des Betriebs die durch die Stromzusammensetzung verursachten Umweltauswirkungen die Ergebnisse stark überlagern können. Anders ausgedrückt werden externe Umweltauswirkungen innerhalb der Systemgrenzen internalisiert. Grundsätzlich bietet das Recycling am Lebensende eines Energiespeichers große Potenziale zur Reduktion der Umweltauswirkungen durch die Substitution primärer Rohstoffe durch recycelte Sekundärrohstoffe. Diese Prozesse sind in der verwendeten Software jedoch nur unzureichend detailliert abgebildet.

Der gegenwärtige Strommarkt vergütet ausschließlich die erzeugte Kilowattstunde Strom und setzt kaum Anreize für Investitionen in Energiespeicher, die nur eine geringe Anzahl an Einsatzstunden pro Jahr aufweisen und primär der zeitlichen Entkopplung von Erzeugung und Verbrauch dienen. Eine mögliche Ergänzung kann – abhängig von seiner konkreten Ausgestaltung – ein Kapazitätsmarkt sein, über dessen Einführung derzeit diskutiert wird. Darüber hinaus können bestehende, neu geschaffene oder künftig zu etablierende Märkte für frequenzgebundene und nicht-frequenzgebundene Systemdienstleistungen zusätzliche Erlösmöglichkeiten bieten. Da es jedoch im Interesse des Energiesystems liegt, diese Systemdienstleistungen möglichst selten in Anspruch zu nehmen, können entsprechende Märkte lediglich sekundäre Investitionsanreize darstellen.

Ein weiteres, teilweise größeres Hemmnis für den Ausbau von Energiespeichern stellen Letztverbraucherabgaben und Netznutzungsentgelte dar. Bis zur rechtlichen Definition von

Energiespeichern als „vierte Säule“ neben Erzeugung, Netzen und Verbrauchern wurden sie sowohl als Erzeuger (bei der Ausspeisung von Strom) als auch als Verbraucher (beim Netzbezug) eingeordnet. In der Praxis ist bislang nicht abschließend geregelt, ob und in welchem Umfang Energiespeicher Netzentgelte entrichten müssen. Die hierdurch entstehenden Kosten müssen derzeit grundsätzlich über den Markt refinanziert werden.

Erschwerend kommen genehmigungsrechtliche Hürden hinzu. Da bislang kein eigenständiger genehmigungsrechtlicher Tatbestand für Energiespeicher existiert, müssen sich Speicherprojekte an bestehenden Regelwerken orientieren. Im Falle von Pumpspeichern kann dies die gesamte Bandbreite von Raumordnungsverfahren über Planfeststellungs- bis hin zu Plangenehmigungsverfahren umfassen. Wasserstoffspeicher unterliegen häufig den Regularien für Kraftwerke oder chemische Anlagen, während für Batteriespeicher mitunter eine einfache Baugenehmigung ausreichend ist.

Die Soziologie hat sich intensiv mit der „Gesellschaftstechnik Energiewende“ auseinandergesetzt. Demnach ist die Energiewende mit den zugehörigen Technologien von so hoher gesellschaftlicher Relevanz, dass sie nicht ausschließlich technisch-ingenieurwissen schaftlich betrachtet werden kann, sondern auch soziale, politische und kulturelle Aspekte berücksichtigt werden müssen. Soziologische Analysen beschreiben die Energiewende als soziotechnische Transformation, die mit unterschiedlichen Formen des Wandels einhergeht, etwa technischem, regulatorischem, ökologischem und sozialem Wandel. Darüber hinaus werden Fragen der Partizipation sowie die Anfälligkeit energiepolitischer Prozesse für populistische Dynamiken thematisiert.

Fazit

Ein Rückblick auf die energiepolitische Geschichte lässt den Schluss zu, dass sich das Energiesystem primär entlang regulatorischer Rand- und Rahmenbedingungen entwickelte und weniger entlang rein ingenieurtechnischer Notwendigkeiten. Seinen Ursprung nahm das heutige Energiesystem in den fragmentierten Nationalstaaten des Deutschen Reiches, innerhalb derer sich erste Strominseln herausbildeten, die über Jahrzehnte hinweg zusammenwuchsen. Mit dem Energiewirtschaftsgesetz setzte der Staat einen verbindlichen energiepolitischen Ordnungsrahmen und subventionierte einzelne Technologien (z. B. die deutsche Kohlewirtschaft) oder unterstützte deren Einführung (z. B. Kernenergie oder erneuerbare Energien). Dass energiepolitische Entscheidungen häufig stark vom jeweiligen Zeitgeist geprägt waren, zeigt exemplarisch der sogenannte „Ausstieg aus dem Ausstieg des Ausstiegs“ aus der Kernenergie: Innerhalb eines halben Jahres wurde der Ausstieg beschlossen, von einer Nachfolgeregierung revidiert und – als Reaktion auf die Reaktorkatastrophe von Fukushima – erneut vollzogen.

In Kombination mit dem beschlossenen Kohleausstieg wurde der eingeschlagene Pfad hin zur Treibhausgasneutralität weiter verengt. Zur Erreichung dieses Ziels stehen nun im Wesentlichen volatile erneuerbare Energien sowie Wasserstoff zur Verfügung. Eine Energiespeicherung im großen Maßstab ist infolge dieser energiepolitischen Entscheidungen zwingend erforderlich geworden.

Seit der Strommarktliberalisierung um die Jahrtausendwende ist zudem die EU-Kommission als regulierendes Element der deutschen Energiewirtschaft hinzugekommen. Mit der EU-Taxonomie-Verordnung wurde ein Instrument geschaffen, das finanzielle Investitionen fördern soll, die mit dem Ziel der europäischen Treibhausgasneutralität im Einklang stehen. Die Entscheidung, Batteriespeicher und Wasserstoffspeicher von einem verpflichtenden Nachweis der Treibhausgasemissionen auszunehmen, Pumpspeicher jedoch nicht, kann als steuerndes Element zugunsten dieser Technologien interpretiert werden – insbesondere vor dem Hintergrund, dass Pumpspeicher über ihren Lebenszyklus hinweg den geringsten Beitrag zu Treibhausgasemissionen leisten.

Während einzelne Gesetze und Verordnungen politische Signale zugunsten neuer Technologien setzen, wird diese Wirkung durch einen unvollständigen regulatorischen Rahmen teilweise konterkariert. So laufen Betreiber von Elektrolyseuren Gefahr, unter die Störfallverordnung zu fallen – die mit hohen Sicherheits- und Monitoringanforderungen verbunden ist –, sofern mehr als drei Tonnen Wasserstoff vor Ort gespeichert werden. Unter diesen Bedingungen besteht für Betreiber kaum ein Anreiz zur Wasserstoffspeicherung, was den Markthochlauf dieser Technologie behindern kann. Darüber hinaus würde Wasserstoff – sofern Elektrolyseure mit vollen Netznutzungsentgelten belastet werden – eher zu einem Luxusgut als zu einer Schlüsseltechnologie für die Defossilisierung des Verkehrssektors oder für die Energiespeicherung.

Bislang weitgehend unberücksichtigt geblieben ist zudem die systematische Betrachtung kritischer Rohstoffe und der damit verbundenen neuen geopolitischen Abhängigkeiten. Der rohstoffarme Kontinent Europa sieht sich zunehmenden geopolitischen Spannungsfeldern ausgesetzt, in denen marktwirtschaftlich-demokratische und autoritär-staatskapitalistische Systeme um Einfluss konkurrieren. Rohstoffe entwickeln sich dabei zunehmend von globalen Handelsgütern zu politischen Machtfaktoren.

Als „Gesellschaftstechnik Energiewende" haben die mit ihr verbundenen Infrastrukturen und Technologien eine gesellschaftliche Relevanz erlangt, die eine rein technische Betrachtung nicht mehr zulässt. Die Transformation des Energiesystems geht mit zahlreichen, für nahezu alle Bürger spürbaren Konsequenzen einher: Stromnetze müssen ausgebaut werden; dezentrale Erzeugungsanlagen wie Windkraft- und Photovoltaikanlagen verursachen objektive wie subjektive akustische und visuelle Belastungen; der volatile Charakter des Energiesystems erfordert ein höheres Maß an Systemdienstleistungen, was sich in steigenden Strompreisen niederschlägt; Wasserstoff ist kostenintensiv; fossile Energieträger werden in absehbarer Zeit teurer. Die gesellschaftlichen Kosten und Konsequenzen dieses Transformationspfades müssen offen adressiert werden, da andernfalls die Notwendigkeit langfristiger Maßnahmen kurzfristigen populistischen Strömungen zum Opfer fallen kann.

Die Transformation des Energiesystems kann daher nur gelingen, wenn die relevanten Einflussfaktoren holistisch, also gesamthaft, betrachtet und in allen Bereichen kohärent ausgestaltet werden. Die Folgen energiepolitischer Entscheidungen müssen antizipiert und der hierfür notwendige regulatorische Rahmen rechtzeitig geschaffen werden. Der Treibhausgasneutralität ist es dabei gleichgültig, mit welchen Technologien sie erreicht wird;

entscheidend ist, dass ein dezentrales, volatil-erneuerbares Energiesystem auf Energiespeicher angewiesen ist. Die in diesem Buch dargestellten Speichertechnologien haben jeweils ihre Daseinsberechtigung und – vergleichbar mit einem Kraftwerksportfolio – spezifische Stärken, Schwächen und Überschneidungen. Batteriespeicher eignen sich vor allem für die kurzfristige Speicherung, während Pumpspeicher Strom über Stunden, Tage bis hin zu mehreren Wochen speichern können. Wasserstoffspeicher sollten aufgrund ihres geringen Strom-zu-Strom-Wirkungsgrades primär zur Sektorkopplung eingesetzt werden und dort, wo eine direkte Elektrifizierung nicht oder nur schwer möglich ist, etwa im Schwerlastverkehr sowie in der Schiffs- und Luftfahrt. Entsprechend benötigen alle Technologien einen geeigneten marktlichen und regulatorischen Rahmen, um errichtet und betrieben werden zu können.

Unstrittig ist, dass jede Technologie einen ökologischen Fußabdruck aufweist und in unterschiedlichem Umfang kritische Rohstoffe benötigt, die mit geopolitischen Risiken verbunden sein können. Bei der Auswahl und dem Einsatz dieser Technologien sollten daher – auch im Sinne gesellschaftlicher Nachhaltigkeit – neben ihren technischen Eigenschaften auch ökologische Auswirkungen und geopolitische Risiken transparent benannt und berücksichtigt werden.

Nicht zuletzt sollte berücksichtigt werden, dass die Treibhausgasneutralität dem langfristigen Erhalt der Lebensgrundlagen aller Lebewesen auf der Erde dient und daher den Mut erfordert, über kurzfristige politische Zyklen hinaus langfristig zu denken.

Literatur

1. AG Branchenenergiekonzept Recycling. Leitfaden Energieeffizienz für die Recyclingindustrie. https://www.win.steiermark.at/cms/dokumente/11263987_52485981/3ee5c856/Leitfaden%20Energieeffizienz%20f%C3%BCr%20die%20Recyclingindustrie_.pdf.
2. AG Energiebilanzen. Stromerzeugung nach Energieträgern (Strommix) von 1990 bis 2022 (TWh) Deutschland insgesamt. 02/2023. https://ag-energiebilanzen.de/wp-content/uploads/2023/03/STRERZ22A11_Abg_0223.pdf.
3. AG Energiebilanzen. Auswertungstabellen zur Energiebilanz Deutschland: Daten für die Jahre von 1990 bis 2021. 09/2022. https://ag-energiebilanzen.de/wp-content/uploads/2021/09/awt_2021_d.pdf.
4. Agentur für erneuerbare Energien. Glossar, 07.04.2023. https://www.unendlich-viel-energie.de/glossar?letter=G#:~:text=Gesicherte%20Leistung%20(auch%3A%20Gesicherte%20Kraftwerksleistung&text=mit%20einer%20Wahrscheinlichkeit%20von%20mehr,10%20bis%2015%20Prozent)%20einberechnet.
5. Agora Energiewende. *Die Energiewende im Stromsektor: Stand der Dinge 2018: Rückblick auf die wesentlichen Entwicklungen sowie Ausblick auf 2019.* 2019. https://www.agora-energiewende.de/veroeffentlichungen/die-energiewende-im-stromsektor-stand-der-dinge-2018/img/100/.
6. Agora Energiewende, Agora Verkehrswende, Stiftung Klimaneutralität, prognos, Öko-Institut, and Wuppertal Institut. Klimaneutrales Deutschland 2045: Wie Deutschland seine Klimaziele schon vor 2045 erreichen kann. 06/2021. https://static.agora-energiewende.de/fileadmin/Projekte/2021/2021_04_KNDE45/A-EW_231_KNDE2045_Langfassung_DE_WEB_2.pdf.
7. Agora Verkehrswende. Strategien für die nachhaltige Rohstoffversorgung der Elektromobilität, 2017.
8. Orkan Akpinar. Sind Pumpspeicher eine aussterbende Spezies? *WASSERWIRTSCHAFT*, 110(11):10–16, 2020. ISSN 0043-0978 . https://doi.org/10.1007/s35147-020-0745-8.
9. Orkan Akpinar. *Lebenszyklusanalyse eines Pumpspeichers im Vergleich zu anderen elektrischen Energiespeichern unter besonderer Berücksichtigung energiepolitischer, regulatorischer und gesellschaftlicher Aspekte.* PhD thesis, Karlsruher Institut für Technologie (KIT), 2024.
10. Orkan Akpinar and Michael Fink. Warum das Planungsrecht für Pumpspeicherwerke vereinfacht werden muss. 2017.
11. alpiq. Pumpspeicher Nant de Drance. https://www.nant-de-drance.ch/de/.

O. Akpinar, *Stromspeicher*, https://doi.org/10.1007/978-3-658-51235-4

12. Jane C. Bare, Patrick Hofstetter, David W. Pennington, and Helias A. Udo de Haes. Midpoints versus endpoints: The sacrifices and benefits. *The International Journal of Life Cycle Assessment*, 5(6), 2000. ISSN 0948-3349. https://doi.org/10.1007/BF02978665.
13. Kay Bareiß, Cristina de La Rua, Maximilian Möckl, and Thomas Hamacher. Life cycle assessment of hydrogen from proton exchange membrane water electrolysis in future energy systems. *Applied Energy*, 237:862–872, 2019. ISSN 03062619. https://doi.org/10.1016/j.apenergy.2019.01.001.
14. BCG and BDI. Klimapfade 2.0: Ein Wirtschaftsprogramm für Klima und Zukunft. 10/2021.
15. (BGBl. 2023 I Nr. 202. I S. 123), das zuletzt durch Artikel 11 Absatz 3 des Gesetzes vom 26. Juli 2023 (BGBl. 2023 I Nr. 202) geändert Bundes-Immissionsschutzgesetz in der Fassung der Bekanntmachung vom 17. Mai 2013 (BGBl. I S. 1274); 2021 worden ist: BImSchG. https://www.gesetze-im-internet.de/bimschg/.
16. BGBl. 2023 I Nr. 221. Artikel 1 des Gesetzes vom 28. Juli 2023 (BGBl. 2023 I Nr. 221) geändert worden is Baugesetzbuch in der Fassung der Bekanntmachung vom 3. November 2017 (BGBl. I S. 3634), das zuletzt durch: BauGB.
17. BGBl. 2023 I Nr. 272. 8. Oktober 2023 (BGBl. 2023 I Nr. 272) geändert worden ist Energiewirtschaftsgesetz vom 7. Juli 2005 (BGBl. I S. 1970; 3621), das zuletzt durch Artikel 24 des Gesetzes vom: EnWG, 08.10.2023. https://www.gesetze-im-internet.de/enwg_2005/.
18. BGBl. 2023 I Nr. 412. Stromsteuergesetz vom 24. März 1999 (BGBl. I S. 378; 2000 I S. 147), das zuletzt durch Artikel 13 des Gesetzes vom 22. Dezember 2023 (BGBl. 2023 I Nr. 412) geändert worden ist: StromStG, 24.03.1999. https://www.gesetze-im-internet.de/stromstg/index.html#BJNR037810999BJNE000102123.
19. BGBl. 2023 I Nr. 88. Raumordnungsgesetz vom 22. Dezember 2008 (BGBl. I S. 2986), das zuletzt durch Artikel 1 des Gesetzes vom 22. März 2023 (BGBl. 2023 I Nr. 88) geändert worden ist: ROG. https://www.gesetze-im-internet.de/rog_2008/__1.html.
20. BGBl. I S. 12, 407. Konzessionsabgabenverordnung vom 9. Januar 1992 (BGBl. I S. 12, 407), die zuletzt durch Artikel 3 Absatz 4 der Verordnung vom 1. November 2006 (BGBl. I S. 2477) geändert worden ist: KAV, 09.01.1992. https://www.gesetze-im-internet.de/kav/BJNR000120992.html.
21. BGBl. I S. 1353. 20. Juli 2022 (BGBl. I S. 1353) geändert worden ist Erneuerbare-Energien-Gesetz vom 21. Juli 2014 (BGBl. I S. 1066), das zuletzt durch Artikel 4 des Gesetzes vom: EEG, 08.10.2022. https://www.clearingstelle-eeg-kwkg.de/eeg2021.
22. BGBl. I S. 1799. (BGBl. I S. 1440), die durch Artikel 1 der Verordnung vom 12. Oktober 2022 (BGBl. I S. 1799) geändert worden ist Verordnung über genehmigungsbedürftige Anlagen in der Fassung der Bekanntmachung vom 31. Mai 2017: 4. BImSchV, 25.10.2023. https://www.gesetze-im-internet.de/bimschv_4_2013/.
23. BGBl. I S. 2225. Verordnung über die Entgelte für den Zugang zu Elektrizitätsversorgungsnetzen (Stromnetzentgeltverordnung – StromNEV): StromNEV, 25.07.2005. https://www.gesetze-im-internet.de/stromnev/BJNR222500005.html.
24. BGBl. I S. 2498. Gesetzes vom 20. Juli 2022 (BGBl. I S. 1237) geändert worden ist Kraft-Wärme-Kopplungsgesetz vom 21. Dezember 2015 (BGBl. I S. 2498), das zuletzt durch Artikel 17 des: KWKG, 20.07.2022. https://www.clearingstelle-eeg-kwkg.de/kwkg2020.
25. BGBl. I S. 2549. 17. Dezember 2018 (BGBl. I S. 2549) geändert worden ist Energiewirtschaftsgesetz vom 7. Juli 2005 (BGBl. I S. 1970, 3621), das zuletzt durch Artikel 3 des Gesetzes vom: Energiewirtschaftsgesetz (Stand v. 17.12.2018). https://www.clearingstelle-eeg-kwkg.de/gesetz/1427.
26. BGBl. I S. 2998. Verordnung zu abschaltbaren Lasten vom 28. Dezember 2012 (BGBl. I S. 2998): AbLaV, 16.08.2016. https://www.gesetze-im-internet.de/ablav_2016/BJNR198400016.html.

27. S. Bobba, S. Carrara, J. Huisman, F. Mathieux, and C. Pavel. *Critical raw materials for strategic technologies and sectors in the EU: A foresight study*. Publications Office of the European Union, Luxemburg, 03.09.2020. ISBN 9789276153368. https://doi.org/10.2873/58081. https://op.europa.eu/en/publication-detail/-/publication/8e167f11-077c-11eb-a511-01aa75ed71a1.
28. Jörg Böttcher and Peter Nagel, editors. *Batteriespeicher*. De Gruyter, 2018. ISBN 9783110458480. https://doi.org/10.1515/9783110458480.
29. Brandenburgische Technische Universität. Ökologische Prozessbetrachtungen – RC-Beton (Stofffluss, Energieaufwand, Emissionen). 2010.
30. Bundesanstalt für Geowissenschaften und Rohstoffe. Kupfer: Information zur Nachhaltigkeit. 2020.
31. Bundesanstalt für Geowissenschaften und Rohstoffe. Kupfer: Rohstoffwirtschaftiliche Steckbriefe. 2021.
32. Bundesministerium für Bildung und Forschung. Wasserstoffatlas Deutschland, 05.01.2023. https://wasserstoffatlas.de/.
33. Bundesministerium für Umwelt, Naturschutz und nukleare Sicherheit, and www.bmu.de Klimaschutzplan 2050 – Klimaschutzpolitische Grundsätze und Ziele der Bundesregierung. 2016.
34. Bundesministerium für Wirtschaft und Energie. Kommission „Wachstum, Strukturwandel und Beschäftigung": Abschlussbericht. 2019.
35. Bundesministerium für Wirtschaft und Energie. Die Nationale Wasserstoffstrategie. 2020.
36. Bundesnetzagentur. Netzentgeltsystematik Elektrizität. 2015.
37. Bundesrechnungshof. Umsetzung der wasserstoffstrategie des bundes. Oktober 2025.
38. Bundesregierung. Rohstoffstrategie der Bundesregierung. 2019.
39. Bundesregierung. Energiekonzept für eine umweltschonende, zuverlässige und bezahlbare Energieversorgung und 10-Punkte-Sofortprogramm – Monitoring und Zwischenbericht der Bundesregierung, 28.09.2010.
40. Bundesumweltminsterium. Langfristszenarien und Strategien für den Ausbau der erneuerbaren Energien in Deutschland bei Berücksichtigung der Entwicklung in Europa und global. 2012.
41. Bundesverband der Energie- und Wasserwirtschaft e. V. Definition des Begriffes „Energiespeicher": Begriffsdefinition und Vorschlag für eine Befreiung von Letztverbraucherabgaben. 06.06.2014. https://www.bdew.de/media/documents/Stn_20140606_Definition-Energiespeicher.pdf.
42. Bundesverfassungsgericht. Bundesverfassungsgericht – Presse – Ver...limaschutzgesetz teilweise erfolgreich. 29.04.2021.
43. Alexander Buttler and Hartmut Spliethoff. Kampf der Studien – Eine Metaanalyse aktueller Energiesystemstudien zum Bedarf an Speichern und konventionellen Kraftwerken im Kontext der Annahmen und der historischen Entwicklung. 2016. https://www.epe.ed.tum.de/fileadmin/w00bzo/es/pdf/Kampf_der_Studien_final.pdf.
44. Maria Leonor Carvalho, Andrea Temporelli, and Pierpaolo Girardi. Life Cycle Assessment of Stationary Storage Systems within the Italian Electric Network. *Energies*, 14(8):2047, 2021. https://doi.org/10.3390/en14082047.
45. CDU, CSU, and SPD. *Deutschlands Zukunft gestalten: Koalitionsvertrag zwischen CDU, CSU und SPD*. 27.11.2013. https://www.cdu.de/sites/default/files/media/dokumente/koalitionsvertrag.pdf.
46. consentec, fraunhofer ISI, ifeu, and TU Berlin. Langfristszenarien für die Transformation des Energiesystems in Deutschland 3: Kurzbericht: 3 Hauptszenarien. 05/2021. https://www.langfristszenarien.de/enertile-explorer-wAssets/docs/LFS_Kurzbericht_final_v5.pdf.
47. Valentin Crastan. *Elektrische Energieversorgung 2*. Springer Berlin Heidelberg, Berlin, Heidelberg, 2017. ISBN 978-3-662-48964-2. https://doi.org/10.1007/978-3-662-48965-9.

48. dena. dena-Leitstudie Aufbruch Klimaneutralität: Eine gesamtgesellschaftliche Aufgabe. 10/2021. https://www.dena.de/fileadmin/dena/Publikationen/PDFs/2021/Abschlussbericht_dena-Leitstudie_Aufbruch_Klimaneutralitaet.pdf.
49. DERA. Mineralische Rohstoffe für die Wasserelektrolyse: DERA Themenheft. 2022.
50. Deutscher Bundestag. Antwort der Bundesregierung auf die kleine Anfrage der Abgeordneten Dr. Lukas Köhler, Frank Sitta, Grigorios Aggelidis, weiterer Abgeordneter und der Fraktion der FDP: Drucksache 19/20869.
51. Deutscher Bundestag. Bericht der Bundesregierung zur aktuellen Netzentgeltsystematik im Kontext von Stromspeichern, insbesondere von Pumpspeichern, und sonstigen flexiblen Verbrauchern*: Drucksache 20/1653, 10.03.2022. https://dserver.bundestag.de/btd/20/016/2001653.pdf.
52. Deutscher Bundestag. Gesetz zur Einführung eines Bundes-Klimaschutzgesetzes und zur Änderung weiterer Vorschriften, 12.12.2019.
53. Deutscher Bundestag. Energiespeicher: Überblick zu Technologien, Anwendungsfeldern und Forschung. 21.12.2022.
54. Deutscher Bundestag. Abschlußbericht der Enquete-Kommission „Schutz des Menschen und der Umwelt – Ziele und Rahmenbedingungen einer nachhaltig zukunftsverträglichen Entwicklung": Konzept Nachhaltigkeit – Vom Leitbild zur Umsetzung. 26.06.1996.
55. Deutsches Institut für Normung e. V. Umweltmanagement – Ökobilanz – Anforderungen und Anleitungen, Mai 2018.
56. Deutsches Institut für Normung e. V. Umweltmanagement – Ökobilanz – Grundsätze und Rahmenbedingungen, November 2009.
57. Energie Baden-Württemberg AG. Pressemitteilung Forbach: EnBW investiert in Wasserkraft und Pumpspeicher in Forbach. 15.03.2023.
58. ENERTRAG. Betriebs News. https://betrieb.enertrag.com/fileadmin/Downloads/Public/Windstrom/2020-07-27_ENERTRAG-Betrieb-News-02-2020.pdf.
59. Europäisches Parlament and Europäischer Rat. RICHTLINIE (EU) 2019/944 DES EUROPÄISCHEN PARLAMENTS UND DES RATES vom 5. Juni 2019 mit gemeinsamen Vorschriften für den Elektrizitätsbinnenmarkt und zur Änderung der Richtlinie 2012/27/EU. https://eur-lex.europa.eu/legal-content/DE/TXT/PDF/?uri=CELEX:32019L0944.
60. Eberhard Feess and Andreas Seeliger. *Umweltökonomie und Umweltpolitik*. Vahlen, München, 4., vollst. überarb. aufl. edition, 2013. ISBN 978-3-8006-4668-5.
61. Jan Figgener. The development of battery storage systems in Germany – A market review (status 2022).
62. Jan Figgener, Peter Stenzel, Kai-Philipp Kairies, Jochen Linßen, David Haberschusz, Oliver Wessels, Georg Angenendt, Martin Robinius, Detlef Stolten, and Dirk Uwe Sauer. The development of stationary battery storage systems in Germany – A market review. *Journal of Energy Storage*, 29:101153, 2020. ISSN 2352152X. https://doi.org/10.1016/j.est.2019.101153.
63. Jan Figgener, Peter Stenzel, Kai-Philipp Kairies, Jochen Linßen, David Haberschusz, Oliver Wessels, Martin Robinius, Detlef Stolten, and Dirk Uwe Sauer. The development of stationary battery storage systems in Germany – status 2020. *Journal of Energy Storage*, 33:101982, 2021. ISSN 2352152X. https://doi.org/10.1016/j.est.2020.101982.
64. Jan Figgener, Christopher Hecht, and Dirk Uwe Sauer. Battery Charts, 29.12.2022. https://battery-charts.rwth-aachen.de/.
65. Michael Fink, Reinhard Fritzer, and Martin Pehm. Atdorf Pumped Storage Plant – Permitting Requirements for a Large-Scale Project in Germany. 2017.
66. Karin Flury and Rolf Frischknecht. Life Cycle Inventories of Hydroelectric Power Generation. 2012.
67. Peter Franke and Christian Theobald. *Energierecht im Wandel: Festschrift für Wolfgang Danner zum 80. Geburtstag*. C.H.Beck, München, 1. auflage edition, 2019. ISBN 9783406744471.

68. Cornelia Fraune, Michèle Knodt, Sebastian Gölz, and Katharina Langer, editors. *Akzeptanz und politische Partizipation in der Energietransformation: Gesellschaftliche Herausforderungen jenseits von Technik und Ressourcenausstattung*. Energietransformation. Springer VS, Wiesbaden, 2019. ISBN 9783658247591.
69. Fraunhofer ISE. Installierte Netto-Leistung zur Stromerzeugung in Deutschland, 14.07.2023. https://energy-charts.info/charts/installed_power/chart.htm?l=de&c=DE&partsum=1&stackLabelDecimalPlaces=2&chartColumnSorting=default.
70. Fraunhofer UMSICHT. Öffentliche Anhörung zu den Vorlagen Gesetzentwurf der Fraktionen der CDU/CSU und SPD Entwurf eines Gesetzes zur Einführung eines Bundes-Klimaschutzgesetzes und zur Änderung weiterer Vorschriften: Stellungnahme Prof. Dr. Görge Deerberg 19(16)292-G. 06.11.2019. https://www.bundestag.de/resource/blob/666182/60671c818e522dbb67e899f6e57a7e8f/19-16-292-G_Deerberg-data.pdf.
71. Fraunhofer UMSICHT and Fraunhofer IWES. *Abschlussbericht Metastudie Energiespeicher: Studie im Auftrag des Bundesministeriums für Wirtschaft und Energie (BMWi)*. 2014.
72. Rolf Frischknecht. *Lehrbuch der Ökobilanzierung*. Springer Berlin Heidelberg, Berlin, Heidelberg, 2020. ISBN 978-3-662-54762-5. https://doi.org/10.1007/978-3-662-54763-2.
73. Jürgen Giesecke and Stephan Heimerl. *Wasserkraftanlagen*. Springer Berlin Heidelberg, Berlin, Heidelberg, 2014. ISBN 978-3-642-53870-4. https://doi.org/10.1007/978-3-642-53871-1.
74. Michael Z. Hauschild, Ralph K. Rosenbaum, and Stig Irving Olsen. *Life Cycle Assessment*. Springer International Publishing, Cham, 2018. ISBN 978-3-319-56474-6. https://doi.org/10.1007/978-3-319-56475-3.
75. Heidi Hottenroth, Jens Peters, Manuel Baumann, Tobias Viere, and Ingela Tietze. Life-cycle Analysis for Assessing Environmental Impact. In R. E. Hester and R. M. Harrison, editors, *Energy Storage Options and Their Environmental Impact*, Issues in Environmental Science and Technology, pages 261–295. Royal Society of Chemistry, Cambridge, 2018. ISBN 978-1-78801-399-4. https://doi.org/10.1039/9781788015530-00261.
76. IEA and International Energy Agency. *The Role of Critical Minerals in Clean Energy Transitions*. OECD, 2021. ISBN 9789264679948. https://doi.org/10.1787/f262b91c-en.
77. Falk Illing. *Energiepolitik in Deutschland: Die energiepolitischen Maßnahmen der Bundesregierung 1949-2015*. Nomos, Baden-Baden, 2., aktualisierte und erweiterte auflage edition, 2016. ISBN 978-3-8487-2298-3. https://doi.org/10.5771/9783845264011.
78. Andrea Immendoerfer, Ingela Tietze, Heidi Hottenroth, and Tobias Viere. Life-cycle impacts of pumped hydropower storage and battery storage. *International Journal of Energy and Environmental Engineering*, 8(3):231–245, 2017. ISSN 2008-9163. https://doi.org/10.1007/s40095-017-0237-5.
79. ISR Numerisation – www.numerisation.ch World Conservation Strategy.
80. IW Consult GmbH. Rohstoffsituation der bayerischen Wirtschaft. 2022. https://www.vbw-bayern.de/Redaktion/Frei-zugaengliche-Medien/Abteilungen-GS/Wirtschaftspolitik/2022/Downloads/221124_Rohstoffstudie_IWC_final2.pdf.
81. Jan Schapp. *Recycling und Rohstoffe: Modernste Technologien in der Wiederaufbereitung von edelmetallhaltigen Rückständen*. TK-Verl., Neuruppin, 2014. ISBN 978-3-944310-09-1.
82. JRC. ILCD Handbook: Framework and requirements for Life Cycle Impact Assessment models and indicators. 2010.
83. JRC and DG ENV. ILCD Handbook – General guide on LCA – Detailed guidance.
84. JRC Technical Reports. Supporting information to the characterisation factors of recommended EF Life Cycle Impact Assessment method.
85. Verena Jülch and et al. Betreibermodelle für Stromspeicher: Ökonomisch-ökologische Analyse und Vergleich von Speichern in autonomen, dezentralen Netzen und für regionale und überregionale Versorgungsaufgaben. *Forschungsbericht BWPLUS*, 2016.

86. Walter Klöpffer and Birgit Grahl. Ökobilanz (LCA). 2009. https://doi.org/10.1002/9783527627158.
87. Marlon Koralewicz, Josephine Glandien, Jens Hüttenrauch, Anja Wehling, Barbara Fricke, Felix Künkel, Clemens Heitsch, Manuela Jopen, Myriam Panofen, and Chi Yan Tang. *Genehmigungsrechtlicher Leitfaden für Power-to-Gas-Anlagen: Errichtung und Betrieb*, volume 59, Band 1 of *GRS-S*. Gesellschaft für Anlagen- und Reaktorsicherheit (GRS) gGmbH, Köln and Garching b. München and Berlin and Braunschweig, Dezember 2020. ISBN 9783949088100.
88. Reiner Korthauer. *Handbuch Lithium-Ionen-Batterien*. Springer Berlin Heidelberg, Berlin, Heidelberg, 2013. ISBN 978-3-642-30652-5. https://doi.org/10.1007/978-3-642-30653-2.
89. Peter Kurzweil and Otto Dietlmeier. *Elektrochemische Speicher: Superkondensatoren, Batterien, Elektrolyse-Wasserstoff, rechtliche Grundlagen*. Lehrbuch. Springer Vieweg, Wiesbaden, 2015. ISBN 978-3-658-10899-1. https://doi.org/10.1007/978-3-658-10900-4.
90. Local Energy Consulting. Akzeptanz und lokale Teilhabe in der Energiewende: Handlungsempfehlungen für eine umfassende Akzeptanzpolitik. Impuls im Auftrag von Agora Energiewende. 2020.
91. Andrej Lotrič, Mihael Sekavčnik, Igor Kuštrin, and Mitja Mori. Life-cycle assessment of hydrogen technologies with the focus on EU critical raw materials and end-of-life strategies. *International Journal of Hydrogen Energy*, 46(16):10143–10160, 2021. ISSN 03603199. https://doi.org/10.1016/j.ijhydene.2020.06.190.
92. Gunnar Luderer, Claudia Günther, Dominika Sörgel, Christoph Kost, Falk Benke, Cornelia Auer, Florian Koller, Andrea Herbst, Klara Reder, Diana Böttger, Falko Ueckerdt, Benjamin Pfluger, Daniel Wrede, Jessica Strefler, Anne Merfort, Sebastian Rauner, Kais Siala, and Simon Schlichenmaier. *Deutschland auf dem Weg zur Klimaneutralität 2045: Szenarien und Pfade im Modellvergleich*. Potsdam Institute for Climate Impact Research, 10/2021. https://doi.org/10.48485/PIK.2021.006. https://ariadneprojekt.de/media/2021/10/Ariadne_Szenarienreport_Oktober2021_Zusammenfassung.pdf.
93. Marit Mohr, Jens F. Peters, Manuel Baumann, and Marcel Weil. Toward a cell–chemistry specific life cycle assessment of lithium–ion battery recycling processes. *Journal of Industrial Ecology*, 24(6):1310–1322, 2020. ISSN 1088-1980. https://doi.org/10.1111/jiec.13021.
94. Next Kraftwerke. Merit-Order-Modell, 08.04.2023. https://www.next-kraftwerke.de/wissen/merit-order.
95. Ökobaudat. Prozess-Datensatz: End of Life von Edelstahl, 13.01.2023. https://www.oekobaudat.de/OEKOBAU.DAT/datasetdetail/process.xhtml?uuid=55945019-018a-46da-baae-a3ee62d59cf3&version=20.19.120.
96. Ökobaudat. Prozess-Datensatz: End of Life von verzinktem Stahl, 13.01.2023. https://www.oekobaudat.de/OEKOBAU.DAT/datasetdetail/process.xhtml?uuid=f34a799a-52de-4f69-a623-335f5be207d9&version=20.19.120.
97. Ökobaudat. Prozess-Datensatz: Kältemittel R410a (de). 2018. https://www.oekobaudat.de/OEKOBAU.DAT/datasetdetail/process.xhtml?lang=de&uuid=988bb7c3-0a15-4626-a6c0-0883d4ff33dd&version=20.19.120.
98. Ökobaudat. Prozess-Datensatz: End of Life von Aluminium, 29.11.2022. https://www.oekobaudat.de/OEKOBAU.DAT/datasetdetail/process.xhtml?uuid=93eb05bd-e607-46de-8d7b-e0727f8d2400&version=20.19.120.
99. Ökobaudat. Prozess-Datensatz: End of Life von verzinktem Stahl, 29.11.2022. https://www.oekobaudat.de/OEKOBAU.DAT/datasetdetail/process.xhtml?uuid=f34a799a-52de-4f69-a623-335f5be207d9&version=20.19.120.
100. L. Oliveira, M. Messagie, J. Mertens, H. Laget, T. Coosemans, and J. van Mierlo. Environmental performance of electricity storage systems for grid applications, a life cycle approach. *Energy Conversion and Management*, 101:326–335, 2015. ISSN 01968904. https://doi.org/10.1016/j.enconman.2015.05.063.

101. Carsten Pape, Norman Gerhardt, Philipp Härtel, and et al. Roadmap Speicher – Speicherbedarf für Erneuerbare Energien (Endbericht): Speicheralternativen – Speicheranreiz – Überwindung rechtlicher Hemmnisse; Endbericht, 2014.
102. Uwe Pfenning. Eine soziologische Systemanalyse und sozio-ökonomisches Review der Soziotechnik Energiewende. *Zeitschrift für die Energiewirtschaft*, (2):151–166, 2018.
103. Kai U. Pritzsche and Vivien Vacha. *Energierecht: Einführung und Grundlagen*. C.H. Beck, München, 1. auflage edition, 2017. ISBN 9783406695605.
104. Jörg Radtke, editor. *Energiewende in Zeiten des Populismus*. Energietransformation. Springer VS, Wiesbaden, 2019. ISBN 9783658261023.
105. Jörg Radtke and Weert Canzler, editors. *Energiewende: Eine sozialwissenschaftliche Einführung*. Lehrbuch. Springer VS, Wiesbaden and Heidelberg, 2019. ISBN 9783658263263. https://doi.org/10.1007/978-3-658-26327-0.
106. Johan Rockström and et al. Planetary Boundaries: Exploring the Safe Operating Space for Humanity.
107. Sandra Enkhardt. 48-Megawatt-Großspeicher von Eneco in Schlewsig-Holstein geht ans Netz, 2018. https://www.pv-magazine.de/2018/05/31/48-megawatt-grossspeicher-von-eneco-in-schlewsig-holstein-geht-ans-netz/#:~:text=Der%20Speicher%20in%20Jardelund%20sei, werden%2C%20wie%20es%20weiter%20hie%C3%9F.
108. Frank Schäfer, Michael Weber, Alexa Velten, Markus Rosenthal, Valeska Gottke, Detlef Stolten, Martin Robinius, Jochen Linssen, Michael Zier, Kevin Knosala, and Peter Stenzel. Energiespeicher. *BWK ENERGIE*, 72(08-09):34–47, 2020. ISSN 1618-193X. https://doi.org/10.37544/1618-193X-2020-08-09-34.
109. Bernhard Schäfers. *Einführung in die Soziologie*. Lehrbuch. Springer VS, Wiesbaden, 3., aktualisierte und ergänzte auflage edition, 2019. ISBN 9783658263614.
110. Pascal Schirmer. Life-Cycle Assessment eines Pumpspeicherkraftwerks im Vergleich zu anderen Energiespeichertechnologien. 2021.
111. Schluchseewerk AG. Schluchseewerk AG prüft Modernisierungsmöglichkeiten in Häusern. 23.11.2022.
112. Gerd Schmidt-Eichstaedt. *Handwörterbuch der Stadt- und Raumentwicklung*. Akademie für Raumforschung und Landesplanung, Hannover, ausgabe 2018 edition, 2018. https://www.arl-net.de/de/shop/handwoerterbuch-stadt-raumentwicklung.html.
113. Andreas Seeliger. *Energiepolitik*. Franz Vahlen, München, 1. aufl. edition, 2018. ISBN 978-3-8006-5688-2. https://doi.org/10.15358/9783800656899.
114. SPD, Grüne, and FDP. Mehr Fortschritt wagen: Bündnis für Freiheit, Gerechtigkeit und Nachhaltigkeit. 2021.
115. Ingo Stadler and Michael Sterner. *Energiespeicher: Bedarf, Technologien, Integration*. Springer Vieweg, Berlin, 2017. ISBN 978-3-642-37379-4.
116. Hartmut Stahl, Dierk Bauknecht, Andreas Hermann, Wolfgang Jenseit, Ludwig Jörissen, and Ulrich Storr. Ableitung von Recycling- und Umweltanforderungen und Strategien zur Vermeidung von Versorgungsrisiken bei innovativen Energiespeichern. 2016.
117. Peter Stephan, Karlheinz Schaber, Karl Stephan, and Franz Mayinger. *Thermodynamik: Band 1: Einstoffsysteme: Grundlagen und technische Anwendungen*, volume Bd. 1 of *Springer-Lehrbuch*. Springer, Berlin, 18. aufl. edition, 2009. ISBN 9783540928942.
118. Bernhard Stier. *Staat und Strom: Die politische Steuerung des Elektrizitätssystems in Deutschland 1890–1950: Zugl.: Mannheim, Univ., Habil.-Schr., 1997*, volume 10 of *Technik + Arbeit*. Verl. Regionalkultur, Ubstadt-Weiher, 1999. ISBN 3-89735-107-2.
119. Lydia Stougie, Giulia Del Santo, Giulia Innocenti, Emil Goosen, David Vermaas, Hedzer van der Kooi, and Lidia Lombardi. Multi-dimensional life cycle assessment of decentralised energy storage systems. *Energy*, 182:535–543, 2019. ISSN 03605442. https://doi.org/10.1016/j.energy.2019.05.110.

120. Wolfgang Ströbele, Wolfgang Pfaffenberger, and Michael Heuterkes. *Energiewirtschaft: Einführung in Theorie und Politik.* VWL, 10-2012. Oldenbourg, München, 3., überarb. und aktualisierte aufl. edition, 2012. ISBN 978-3-486-70905-6. https://doi.org/10.1524/9783486716740.
121. Alexander Petschulat Susan Grotefels. *Handwörterbuch der Stadt- und Raumentwicklung*. Akademie für Raumforschung und Landesplanung, Hannover, ausgabe 2018 edition, 2018. https://www.arl-net.de/de/shop/handwoerterbuch-stadt-raumentwicklung.html.
122. Johannes Töpler and Jochen Lehmann. *Wasserstoff und Brennstoffzelle*. Springer Berlin Heidelberg, Berlin, Heidelberg, 2017. ISBN 978-3-662-53359-8. https://doi.org/10.1007/978-3-662-53360-4.
123. Octavio Torres. *Life cycle assessment of a pumped storage power plant*. 2011.
124. Gerhard Totschnig, Ricki Hirner, Markus Pfleger, Johannes Kathan, Johanna Pucker, Daniel Steiner, Gerfried Jungmeier, and Martin Fuchs. Wasserkraft als Energiespeicher. 2015.
125. TransnetBW. Projektvorstellung Netzbooster-Pilotanlage Kupferzell, 2021. https://www.transnetbw.de/_Resources/Persistent/8/e/0/4/8e04ede223d88881c763cab1bfc416068f7fbc4d/netzbooster-pilotanlage-broschuere.pdf.
126. Umweltbundesamt. Energieziel 2050: 100% Strom aus erneuerbaren Quellen. 2010.
127. Umweltbundesamt. Beton: Factsheet. 2019.
128. Umweltbundesamt. Kunststoffabfälle: Verwertungsquote, 29.11.2022. https://www.umweltbundesamt.de/daten/ressourcen-abfall/verwertung-entsorgung-ausgewaehlter-abfallarten/kunststoffabfaelle#hohe-verwertungsquoten-.
129. Umweltbundesamt. Prozessdetaill: MetallKupfer-DE-sekundär-2030, 29.11.2022. https://www.probas.umweltbundesamt.de/php/prozessdetails.php?id=%7B8774680B-9EDC-4B7F-ADAD-1D6AC00744FC%7D.
130. Stiftung Wissenschaft und Politik. Elektrolyseure für die wasserstoffrevolution, September 2022.
131. Stiftung Wissenschaft und Politik. Die geopolitik des wasserstoffs, November 2023.
132. VDE/ETG. Energiespeicher für die Energiewende: Speicherungsbedarf und Auswirkungen auf das Übertragungsnetz für Szenarien bis 2050. 2012.
133. Vorarlberger Illwerke. Lünerseewerk II. https://www.luenerseewerk2.at/fragen-und-antworten.htm.
134. WEMAG. 10-MW-Batteriespeicherkraftwerk: Schwerin 1 und Schwerin 2. https://www.wemag.com/sites/default/files/20170714%20Faktenblatt%20WEMAG%20Batteriespeicher.pdf.
135. Johannes Weyer. *Techniksoziologie: Genese, Gestaltung und Steuerung sozio-technischer Systeme*. Grundlagentexte Soziologie. Juventa-Verlag, Weinheim and München, 2008. ISBN 978-3-7799-1485-3. doi: 1485.
136. Martin Wietschel, Sandra Ullrich, Peter Markewitz, Friedrich Schulte, and Fabio Genoese, editors. *Energietechnologien der Zukunft: Erzeugung, Speicherung, Effizienz und Netze*. SpringerLink Bücher. Springer Vieweg, Wiesbaden, 1. aufl. 2015 edition, 2015. ISBN 9783658071295. https://doi.org/10.1007/978-3-658-07129-5.
137. Wolfgang Zängl. *Deutschlands Strom: Die Politik der Elektrifizierung von 1866 bis heute: Zugl.: München, Univ., Diss., 1988 u.d.T.: Zängl, Wolfgang: Die Politik der Elektrifizierung Deutschlands 1866 bis 1987*. Campus-Verl., Frankfurt/Main, 1989. ISBN 3-593-34063-1.

FSC
www.fsc.org
MIX
Papier | Fördert
gute Waldnutzung
FSC® C083411

Kolibri 360 GmbH
Ferdinand-Jühlke-Straße 7
99095 Erfurt, Deutschland
produktsicherheit@kolibri360.de